珍重酒香

图说中国古代酒文化

范纬 主编 ◎ 张习广 绘

文物出版社

图书在版编目（CIP）数据

珍重酒香：图说中国古代酒文化 / 范纬主编；张习广绘 .—北京：文物出版社，2020.3

ISBN 978-7-5010-6471-7

Ⅰ.①珍… Ⅱ.①范… ②张… Ⅲ.①酒文化－文化史－中国－通俗读物 Ⅳ.① TS971.22-49

中国版本图书馆 CIP 数据核字（2019）第 268870 号

珍重酒香——图说中国古代酒文化

主　　编：范　纬
绘　　者：张习广

责任编辑：王霄凡
封面设计：张习广
责任印制：张道奇

出版发行：文物出版社
社　　址：北京市东直门内北小街 2 号楼
邮　　编：100007
网　　址：http://www.wenwu.com
邮　　箱：web@wenwu.com
经　　销：新华书店
印　　刷：三河市双升印务有限公司
开　　本：710mm×1000mm　1/16
印　　张：20.25
版　　次：2020 年 3 月第 1 版
印　　次：2020 年 3 月第 1 次印刷
书　　号：ISBN 978-7-5010-6471-7
定　　价：88.00 元

目录

图版

说文释酒

许慎，河南人，东汉著名经学家、文字学家，有『五经无双』之誉，有著作《说文解字》存世。《说文解字》中对酒字的解释为：『酒，就也，所以就人性之善恶……一曰造也，吉凶所造也。』酒与酉同义，八月黍成，可为酎酒。汉字偏旁为酉者约75个，大多与酒有关。酿：作酒为酿也。酴：酒母也。酾：醇也。醴：酒一宿孰也。醪：汁滓酒也。醹：厚酒也。酎：三重醇酒也。醠：浊酒也。酤：买酒也。酷：酒厚味也。醰：酒味苦也。酌：盛酒行觞也。酣：酒乐也。醅：醉饱也。醉：卒其度量不至於乱也。醺：醉也。酲：醉而觉也。医：繁体字为醫，得酒而使，治病工也。醨：薄酒也。酏：黍酒也。酱：酒以和酱也。酹：餟祭也。总之，以甲骨文仿酒罐的象形字『酉』为基础偏旁。

說文解字
酉
酒

仪狄造酒

中国造酒技术起源很早。《诗经》云：『八月剥枣，十月获稻。为此春酒，以介眉寿。』据文献记载，人们发现『有饭不尽，委余空桑，郁积成味，久蓄气芳。本出于此，不由奇方』，这是向大自然学习的结果。一般谈及酒史都会引用『古有醴酪，禹时仪狄作酒』『作酒醪，变五味』。昔者帝女令仪狄作酒而美，进之禹。禹饮而甘之，遂疏仪狄，绝旨酒，曰：『后世必有以酒亡其国者』。但也有资料记载：帝女见大禹因国事而忧烦时，奉上仪狄变五味的陈酿，禹饮后反而加以赞美。夏商时期用黍酿的酒称酒，而用稻酿的酒称醴。《史记》载：汉代城市中已有坐商从事『酤酒』的行业。考古发掘中也出土有一定数量商以前的陶制酿酒器皿及饮酒用具，说明我国酒的产生，不晚于距今6500—4500年的大汶口文化时期。此外，在一些商至汉的墓葬中还发现保留至今的绿色酒液。如湖北随州曾侯乙墓出土战国大鉴缶一对，内残留千年酒液。又据新闻报道：在陕西西安北郊发现一座汉代贵族墓，其出土文物中有一铜锺，内盛酒共26千克。长沙马王堆西汉墓出土的帛书中，有古代酿酒配方等。

关于果酒，有猿猴造酒一说。葡萄是汉代张骞出使西域后传入中原。汉代曾流传有人以一斛葡萄酒行贿，换个刺史职务的故事，可见葡萄酒之珍贵。

关于蒸馏酒，以谷物发酵制作。初期是须压榨的醪糟，味甜，为浊酒，后经蒸馏提纯成为烧酒。从出土实物可知：安徽地区汉代已使用青铜蒸馏器作为制造烧酒的工具。

各朝制酒方法、酒的质量各有不同。如有记载说『隋炀帝造玉瀣酒，十年不败』。唐代有一种霹雳酒，做法独特：暑季暴雨倾盆、电闪雷鸣之际，利用雨水淘米蒸饭酿酒。

烧刀子酒

明代小说集《初刻拍案惊奇》中描述：唐宪宗时期，一些江洋大盗，平日苦无好酒，只是喝烧刀子。这一日，他们买得一坛真正的堆花烧酒，酒性极狠。书中另叙：明代万历年间，两闲汉到开酒店的尹三家喝酒。因两人手头都不宽裕，只要了烧刀子来喝。这家店卖的是有名的黄烧酒，酒性极狠。

以谷物为原料蒸制，『其清如水，味极浓烈』的酒露就是烧酒。因所含酒精度数极高，可以触火即燃，全部燃尽，故而称之为『白干』。按产地命名者有：长乐烧、衡水老白干、南路烧酒等。笔者现今居住地，当年清政府曾在此（大兴县黄村镇）设置北平顺天府南路同知。所管辖的大兴海子角裕兴烧锅（1958年改名为国营北京大兴酒厂）生产的烧酒最为有名，故称南路烧酒。

说起北京造酒逸事，有一首竹枝词云：『刘伶不比渴相如，豪饮惟求酒满壶。去去且寻谋一醉，城西道有柳泉居。』有数百年历史的柳泉居，因所在地有柳树与甜水井而得名。实际上，早期的柳泉居是以酿造京味黄酒为主打业务，号称北京三居之一，被誉为『饮得京黄酒，醉后也清香』。

东坡酿酒

苏东坡（1037—1101年）在诗、书、画方面的贡献且不必多说，在饮食方面的成就也十分了得。其有文字为证的原创菜肴便有：东坡肉，东坡羹（包括荠糁、玉糁、芦菔三种羹），芹芽鸠肉脍，以及因所作『野饮花前百事无，腰间唯系一葫芦。已倾潘子错煮水，更觅君家为甚酥』诗而命名的『东坡饼』。在酒的研制方面，他更是功不可没。他按道士的配方酿制了一种蜜酒：将蜂蜜炼熟加熟水搅匀，上好面曲和白酒饼子捣碎，用生绢包起，放入有蜂蜜汁的瓮中密封，十几天后便可饮用。他为此还撰写了《蜜酒歌》表示谢意，其中有『三日开瓮香满城』『百钱一斗浓无声』『天教酿酒醉先生』之句。苏东坡的弟弟苏辙也有诗作《以蜜酒送柳真公》，诗云：『床头酿酒一年余，气味全非卓氏垆。送与幽人试尝看，不应知是百花须。』苏东坡还酿制了甜中微苦的松酒、用生姜肉桂酿造的桂酒、天门冬酒、蜜柑酒、真一酒。此外，还撰写了《酒经》，云：『闲居未曾一日无客，客至未曾不置酒。』20世纪20年代，北京大学一教授撰文提到东坡被贬期间，某日与友饮酒，『秋热未已，而酒白色，此何等酒也……无以侑酒』，结果把邻居病牛杀掉吃肉，饮酒大醉，时已三鼓，才从郡城外溜回住所。这一次实际上违反了数款管教条例：与客饮私酒、杀耕牛、偷城犯夜。不知他事后可曾受罚。如未被人发现，那便偷着乐吧！

珍重酒香

元代烧酒

元代，大都酒课提举司管辖槽房，槽房生产的酒供市民购饮。而光禄寺管辖的大都尚饮局是为宫廷备酒的部门。官僚们可依制领取官酒，诗云：『光禄红箫送酒车。』

明代医药学家李时珍（1518—1593年）认为：『烧酒非古法也。自元时始创其法，用浓酒和糟入甑，蒸令气上，用器承取滴露。』又说：『与火同性，得火即燃。』但从出土实物判断，蒸馏法起源很早。河北省曾出土一套宋代铜制蒸酒器具，用蒸馏法可将酸败之酒再制成美酒。烧酒多用糯米，『性粘可用』。元人也喜饮『忽迷思』，或称湩酒，即马奶酒。诗云『天马西来酿玉浆，革囊倾处酒微香』『悬鞍有马酒，香泻革囊春』。

除此之外，元代还大量酿制葡萄酒，『酽色如丹』『盛以玻璃瓶，一瓶可得十余小盏，其色如南方柿漆，味甚甜』。

元代蒙古贵族宴会奢华，『高楼一席酒，贫家半月粮』。其婚嫁喜宴『按酒三、二十桌，通宵不散』。

王府造酒

《初刻拍案惊奇》中有个故事描述明洪武年间，有位老道士用蒸熟稻米一撮放入瓮中，加水后用纸将瓮口密封，藏在松林之中。两三日过后便成了扑鼻香醪。清代长篇讽刺小说《儒林外史》中有一段文字谈到造酒：看坟老人对两位公子说：『乡下的水酒，老爷们恐吃不惯。现在的米做出的酒都是淡的。洪武爷时，二斗米做酒足有二十斤。后来永乐爷时就变成二斗米只做十五六斤。我这酒是扣着水下的，还是淡薄无味。』另有文献记载：『京师老酒家有能造廊下内酒者，每倍其值。相传明代大内御酒房后墙，有名长连者……在元武门东名廊下家。凡内宫答应、长随，皆於此造酒射利。其酒殷红色，类上海琥珀光者。』

清代关于酿酒的故事很多，如某亲王家宴用酒，多半是府内酒窖所存陈绍酒及府内自造的香白酒。其制作方法为将50斤上好白干酒倾入大酒坛内，另加多种水果及绿豆、冰糖，封坛入窖。府中还存有外国酒，如香槟、葡萄酒。

河北沧州的酒很有名，但配方保密，只在家族间代代相传。十年陈酒『一罂可值四五金』，但仅内部供应，概不外售。四大造酒作坊联手，官府要酒也不给真酒，出重金或动大刑也不卖。有一位知府在任时想弄些真酒尝尝，虽想尽办法也没能如愿。后来被排挤丢官，反而喝到真酒。他深有体会地说：『吾深悔不早罢官！』

寺酒醇香

清人所著《淞滨琐话》一书中载，江西南昌地藏庵有位卓修和尚，日夕勤修苦学、打坐参禅却喜饮酒，往往于半酣之时，升座讲佛。能深入浅出宣扬佛理佛法，很受信众拥戴。但他的师父慧圆高僧临终前对他说：『醉时工夫，终不如醒时工夫。明日我将大解脱，由你师兄继任方丈主持寺务。他不懂酒有甚趣味，将不容你于此寄身。我给你留下金钱十枚，你到有酒寺中挂单去吧。』在师父圆寂后，他外出云游至绍兴准提庵，见那里水酒甘美，便留了下来。寺中每日供他饮酒一石，但不久因招待香客供不应求，难以为继。卓修为长久考虑，献出师父留给他的值百两黄金的金钱，为寺庙买地种粮、建造酿酒作坊。由于当地水质纯净甜美，卓修又因从小就看懂了邻家酒坊酿酒工序流程，故而该庙所造待客酒在绍兴十分有名，卓修也不愁酒饮。他常用禅杖扣击酒瓮，在微醉中讲述禅宗深奥的教义和人生哲理。清冽甘美、醇香无比的美酒，引得前来求购的人络绎不绝，『大盎小税，远近毕集，得以寺酒款客为荣』，与坊间绍兴名酒女儿红齐名。

年封缸

神龙御酒

清代乾隆皇帝弘历（1711—1799年），在位60年后，让位给儿子，自己当太上皇，但依然皇权在握。据记载，乾隆帝先后到承德行围打猎，对文臣武将进行长途野营拉练共达53次，具有一定军事意义。乾隆帝每次在避暑山庄约要住上半年的时间，接见外国使者及国内各界人士，处理奏章批件。所以，民间流传着很多关于他在该地的故事，真假莫辨。有这样一个故事：在行进途中，某日，乾隆帝病倒，暂住一位八旬老汉家中养病。期间发现老汉之所以长寿是因为每天喝一种药酒。便也要来试饮，几天后病体痊愈，精力旺盛。乾隆因而对这一养生补酒十分关注，令内侍记录药酒配方。到了避暑山庄后，按此方配齐海马、人参、鹿茸、首乌、茯苓等药材入酒泡制，被乾隆命名为『神龙御酒』。既然是民间所流传的故事，姑且听之。

美酒家酿

清代小说《歧路灯》中描写了当时坊间关于饮酒的一些故事。如有一名富户的仆人奉主人之命到城西门某宅借酒匠。旁人问其原由，他说：『家少爷家务不太关心，而对酒极为留意，家存酒方各样都有。不久前为老太太祝寿用，做了二十缸好酒，却被几个家丁偷卖不少。少爷发火打人，连造酒的工匠也挨了二十板，受冤枉气病故。现在家中没人会酿酒，只得外出请人。』

又如有一个官宦子弟请一名从商的朋友在家小酌。家人斟酒，他尝了一口说：『这是旁人送来的南酒，不好吃！快给我换咱家新做的「石冻春」来。』酒过三巡，他又说：『哑酒难吃，咱揭酒牌玩吧。』命家人取过酒牌和在楼上锦盒内的三只玉斗来。客人接过玉斗在灯光下观看，真是晶莹射目。官宦子弟把牌揉乱后拿出一张，见上写：『近烛者一杯。』正好自己离烛最近，便喝下一玉斗酒。客人随之拿起一张牌，上写：『从商者一小杯。』却被主人强饮了一玉斗酒。

书中还记录了很多当时的畅销酒。如有人为了结交官府而送礼行贿，备下一份花费二百两银子的礼品呈送县署，其中酒类就有建昌酒、郫筒酒、膏枣酒等，各色佳酿俱备。

书中还提到酒的勾兑方法，如：『你去南酒局里弄一坛子去，掺些潞酒、汾酒吃。』

酒薄似水

晚清四大谴责小说之一的《二十年目睹之怪现状》中谈到为什么酒味薄如水。话说有位客人叫旅店派人去打酒，等到将酒斟上后，喝了一口觉得酒味极薄，近似白水，十分不快。后听同店投宿的一位老者说：『做烧酒的烧锅都在天津卫，酒是原浆自然醇厚。但运到咱们这地界，一路上官府所设税卡极多，捐税又重，为此成本增大。为了不致赔本，批发者和零售者不断注冷水于酒内。』客人又问：『抽酒税是如何计算的？』老者说：『收税不称重，也不按一车装多少瓮酒计算，只看有多少个车轮收多少酒税。』如此看来，烧锅店小车运酒，车轮少则税少。然后换大瓮注酒加水，使酒变多，以便多卖钱，怎能不使酒同白水一般！

写到此处，忽然忆起孔子说过：『沽酒市脯，不食。』他对于市场所售酒的质量很不放心。他还指出『不为酒困』，要珍重自己的事业和生命。他还说：『唯酒无量，不及乱。』饮多少酒为宜，并无定规。但酒量再大，也不可酒后乱性，闹事伤身。

禁酒令辩

曹操（155—220年），安徽人，官至丞相，死后被追尊为魏武帝。东汉末政治家、军事家、文学家。曹操为了统筹全局、增加军费，减少造酒用粮，纠正民风，颁布禁酒令，不料引发一场辩论风波。其实曹操本人是喜欢酒的，而且对于造酒也是有贡献的。他曾将收集到的家乡已故县令所藏『九酿酒法』的配方献给天子，奏曰：『三日一酿，满九斛米止。臣得法，酿之，常善。』这种『补料发酵法』传之后世，成为我国黄酒酿造的重要工艺。此外，曹操与酒有关的故事很多，如『青梅煮酒论英雄』『宴长江横槊赋诗』等。还多次因酒杀人，如杀为其备酒的吕伯奢全家，酒宴上拷打行刺他的董承等。抵制曹操禁酒令的代表人物是孔融。孔融（153—208年），山东人。东汉末名士，官至少府。他对于曹操的所作所为常加嘲讽。如曹操灭袁绍后，将袁妻改嫁曹丕。孔融便写信给曹操说：『武王伐纣，以妲己赐周公。』曹操请教他这件事在什么书中有记载，孔融回答：『以今度之，想当然耳！』曹操深感被其捉弄。这次反对禁酒，孔融又写信给曹操，大讲造酒历史。他的主张是：政府不但不能禁酒，反而要大力发展造酒业。曹操回复他：要以前朝酒害亡国的事例为历史教训，一定要禁酒。孔融并未就此罢休，再次上书：『昨承训答，陈二代之祸。』并说：夏商以妇人失天下。美女既然是祸水，如今依然可以结婚，并没有被禁止呀！你禁酒并非吸取什么历史教训，不过是心痛那些造酒的谷子罢了！曹操很反感这个高傲任性、经常挑战自己权威的人，终于在建安十三年（208年），以『讪谤』罪杀掉了孔融。

私酒难禁

自酒业出现后，无论哪个朝代的政府都面临禁酒与否或是如何征收酒税的问题。周朝设监督饮酒行为、管理王室酒务的专职机构规模庞大，有酒正以下110人、酒人以下340人。周朝政府规定：凡聚众狂饮者处斩。有一位郑大夫躲到窟室内夜饮，被人举报后被砍了头。而历代政府均查禁私酒，如此既可为国库增收，也可防止因酒『狱讼益烦，流生祸害』。秦朝亦禁止私酒买卖，『不从令者有罪』。汉武帝时期，酒类实行国家专卖，由地方官负责，而『小民不复得沽也』。汉朝规定：三人以上，无故群饮酒，罚金四两。但在其后召开的国家经济讨论会上，受到商业人士抵制，最终废止了酒类专卖政策。王莽政权至南北朝时期，又推行酒类不许私人经营政策。然而，皇亲国戚经商获利者渐多，私酒难禁。隋朝初酒类免税。唐朝则实行征酒税制，禁止私人酿造。五代时期实行酒与酒曲专卖。宋朝酒专卖政策繁杂，酒禁严格，凡携带私酒、酒曲超过规定数量者判死刑。南宋设隔槽法，即酿酒坊由政府设置，造酒者自备原料人工，缴纳造酒款项。宋朝酒税较重，且多次提高酒的市价。元朝禁酒制度严格，私自买卖依律定罪，财产子女充公，主犯流役，但时兴时废。明朝对酒的管制较松，允许民间私酿，也未设专项酒税。清朝不禁黄酒，却禁私造烧酒，酒税亦不断增加。

不醉尤佳

铁木真（1162—1227年）统一蒙古各族而被推举为成吉思汗。在连年对外征战中，他十分注意戒酒的问题。他曾示谕：『君嗜酒则不能为大事，将嗜酒则不能统士卒，凡有此种嗜好者，莫不受其害。』成吉思汗还说：『设人不能禁酒，务求每月仅醉三次，能醉一次更佳，不醉尤佳。』但是他的儿子窝阔台继位后，酗酒成为这位最高领导者的弱点。大臣耶律楚材多次劝其戒酒少饮，甚至拉过酒槽的铁皮口说：『你看看，酒有极强的腐蚀性，铁尚且被腐蚀得千疮百孔，何况人的五脏呢！』然而，窝阔台依然不听，也早把老爹的话忘掉，最终仅56岁便因酒丧命。

元代营养学家在《饮膳正要》一书中指出：『酒，味甘辣，大热，有大毒。』

生育奖酒

《国语·越语上》中记载了勾践灭吴的故事，讲述了越王勾践在被吴国打败后，为报国仇，十年生聚，十年教训，卧薪尝胆，励精图治，终于将敌国灭掉。

由于战争，夫差的父亲与勾践的父亲分别以吴王、越王的身份在相互争伐中死去。夫差与勾践分别继位后，战争又起，并以吴国取胜而止。通过行贿，勾践得以获取休养生息的机会。

勾践对自己的百姓说：『我没有自知之明，与吴国开战，使百姓遗骨荒野之中。这是我的罪过。』于是『去民之所恶，补民之不足』。为了让吴王夫差不再有侵扰越国之心，他又派了300人为夫差服役，自己也『亲为夫差前马』，即在夫差马前作一名走卒，表示臣服恭顺。在国内施行发展人口、富国强兵的政策。如女孩17岁未嫁，其父母有罪。男青年20岁没成家，其父母有罪。妇女生孩子时享受公费医疗。此外，最能让百姓得到实惠的政策是：生男孩，长大就是士兵，所以政府奖励『二壶酒、一犬』。犬是当时人们的肉食来源之一。生女孩，长大可以做后勤工作，所以政府也有奖励，是『二壶酒、一豚』。豚是小猪。生三个小孩的，政府提供奶妈。生两个小孩的，政府供给口粮。『十年不收于国，民俱有三年之食』，不收于国即不征收赋税。

奖酒劝农

明代著名传奇作品《牡丹亭》中关于酒的情节有：按照春季下乡劝农的风俗，太守吩咐县里依例置花买酒，借此奖励农户，搞好农业生产。衙役们『扛酒去前坡』时，不小心跌倒将酒坛碰破漏酒，唱道：『怕酒少，烦老官儿遮盖些。』有些当差的趁老爷未到，先去村边酒店吃酒。唱词有：『竹篱茅舍酒旗儿叉』『官里醉流霞，风前笑插花』。

关于酒名，从唱词中可知有多种，如：『狠烧刀，险把我嫩盘肠生灌杀。』此处烧刀是烧酒名称。还有『金荷斟香糯……酒潮微晕笑生涡』『俺在江头沽酒，看见各处秀才，都赴选场去了……这酒便是状元红了』『清河雪酒五加皮』『广南爱吃荔枝酒……一杯酒酸寒奋发』等。又如，店小二唱道：『多掺白水江湖酒，少赚黄边风月钱。』向小生问道：『要果酒，案酒？』所谓『果酒』，是指酒菜较好。『案酒』则是粗简小菜。可了解到当时酒店经营的手段与方式。剧中唱词：『俺携酒一壶，花果二色……梅子酸似俺秀才，蕉花红似俺姐姐。串饮一杯（共杯饮介）。』这里描写了当时『串饮共杯』的饮酒形式。唱词中还提到一种酒具——温凉玉斝。据说秦穆公欲吞并天下诸国，设计邀各国持宝物至临潼斗宝，温凉玉斝为秦国的宝物。

该剧有一段以物易酒的情节：秀才想要一壶酒，准备用随身书、笔交换。戏文为：『这本书是我平日看的，准酒一壶。』店小二：『书破了。』秀才：『贴你一枝笔。』店小二：『笔开花了。』秀才：『你可也听见「读书破万卷」？……可听见「梦笔让千花」？』古代文士缺钱而馋酒时，用金龟、千金裘、雁羽衣、宝剑等换酒喝的故事很多，也可见酒家经营头脑十分灵活，赚钱方式多样。

各朝美酒

古代酒业发展迅速，很多名酒受人推崇。晋代名酒有乌程酒、竹叶酒等。所谓『点清酒，春竹叶，沾着唇，甜入颊』。南北朝有千里醉、坠春酒、巴乡清、榴花酒。唐代人常将某酒称之为某春。据史料记载，有郢州的富水春、乌程的若下春、荥阳的土窟春、富平的石冻春、剑南的烧春等。所以，后人作诗有『眼底浓浓一杯春』之说。宋代有扶头酒、蜜酒、冰堂酒、千日春、凤州酒、洞庭春色、豆酒、中山酒。辽代中京最大的制酒作坊名为『隆盛作坊』。其特产为御容酒，被视为珍品。元代大量生产烧酒，称为阿剌吉酒，此外还有葡萄酒、马奶酒、枣酒、杏花村酒、艾酒。明代有麻姑酒、状元红、五加皮酒、绿豆酒、古井贡酒、莲花白、茉莉花酒、玉壶春酒。清代有沧州酒、惠泉酒、茅台酒、泸州老窖、京口百花酒、竹叶青。此外，国外洋酒大量涌入。在《官场现形记》一书中，描述了外国势力渐入山东省，外交事务增多。某日，抚院准备宴请几个洋人，特意请翻译写好菜单。其中几样酒是『勃兰地、魏司格、红酒、巴德、香槟』。酒宴间，有个营务处的官员，因不懂洋餐的规矩，把玻璃碗盛的洗嘴水当作荷兰水喝下去，引得洋人嘲笑。充当侍者的州官手忙脚乱，马蹄袖又碰翻一杯香槟。另一部晚清小说中描述：两人在一家酒楼小房间坐下，叫侍者拿了很多酒，『威士格、勃兰地、三边、万满、谑脱露斯、壳忒推儿』等，摆了一台。当年译音肯定不十分准确，但也反映出进口洋酒品种之多。

坊

酒美情浓

在中国民俗节日中，关于酒的习俗有：元旦饮屠苏酒、椒花柏叶酒；端午节饮雄黄酒、菖蒲酒，以避邪去瘟；中秋拜月时饮桂花酒；重阳登高饮菊花酒等。

饮交杯酒是婚俗内容之一。最早是在婚宴上，新婚夫妻各用半个水瓢饮酒以示相爱，称之为合卺。宋以后渐用『双杯彩丝连足，夫妇传饮，谓之交杯』。有的饮尽后要掷杯于地，若一仰一合，便称吉利。

文人恋酒，故诗词中提到许多各朝各地的名酒。如唐代的『吴酒一杯春竹叶』『何惜醉流霞』『兰陵美酒郁金香』『葡萄美酒夜光杯』『新丰美酒斗十千』『三杯蓝尾酒』『纪叟黄泉里，还应酿老春』；五代时期的『更饮一杯红霞酒』『脸粉难匀蜀酒浓』『妙对绮弦歌酒』『椰子酒倾鹦鹉盏』；宋代的『玻璃盏内茅柴酒』『会拼千日笑尊前』『满倾芦酒指摩围』『斟残玉瀣行穿竹』；元代的『酒泛葡萄琥珀浓』『昨宵中酒懒扶头』『皮囊乳酒锣锅肉』『酒杯浓，一葫芦春色醉疏翁』。春色为酒名，苏轼词序云：『安定郡王以黄柑酿酒，名之曰洞庭春色。』又如明代的『村旗夸酒莲花白』『瓮泼葡萄色如血』『捧金尊。漫酌松花酒』；清代的『暂醉莫辞京口酒』『谁能高枕醉屠苏』，等等。

名酒百种

古代小说中为了情节需要，有时会花费大量笔墨进行铺垫，但却往往容易被读者忽视，一目十行地滑了过去，其实作者为此花了很多心思。如清代小说《镜花缘》中，作者可能做了不少调查，记录下当时各地名酒共150余种。现略抄数种，以说明当时名酒生产的状况：杭州三白酒、直隶东路酒、大名滴溜酒、济州金波酒、四川潞江酒、湖南砂仁酒、冀州衡水酒、淮安延寿酒、乍浦郁金香、栾城羊羔酒、山西潞安酒、广东瓮头春、山西汾酒、湖南衡酒、饶州米酒、浙江绍兴酒、苏州福贞酒、成都薛涛酒、绍兴女儿红、南通州雪酒、琉球蜜林酎酒、嘉兴十月白酒……

市场上酒的需求量加大，便进一步刺激酒业的增产，于是消耗更多的原材料。明清时期苏州地区丰产的粮食大半用于造酒。『江、广、安徽』之客米造酒，『岁不下数百万石』。

珍重酒香

西门迷酒

明代长篇世情小说《金瓶梅》是研究古代市井生活的一部资料丰富的图书。其中提到酒的品种，粗略记录便有：『砖厂刘公公送的木樨荷花酒』及『自造荷花酒』『我赊了丁蛮子四十坛河清酒』『吃螃蟹得些金华酒才好』『桌底下一坛白泥头酒，贴着红纸帖儿……是个内臣送我的竹叶青。里头有许多药味，甚是峻利』『他家吃的是自造的菊花酒，我嫌他肴香肴气的，我没大好生吃』。礼品中有『两坛南酒』，又『有南烧酒，买他一瓶来我吃』『打开腰州精制的红泥头，一股一股冒出滋阴摔白酒来』『又被刘公公灌上十数杯葡萄酒』。揭开盒子见有『老酒二瓶』。又有『打开一坛麻姑酒，众人围炉吃酒』『刚才荆都监送来的那豆酒取来，打开我尝尝……打破泥头，倾在钟内……呷了一呷，碧靛般清，其味深长』。此外，刘内相差人送来礼品中有『一坛自造内酒』，给宋御史的礼品中有『两坛浙江酒』，在食荤小酒店要了『两大坐壶时兴橄榄酒』。『前面厢房有双料茉莉酒，提两坛掺着这（金华）酒吃』『昨日剩的银壶里金华酒筛来，每人吃了两瓯子』『还有年下你应二爹送的那一坛茉莉花酒，打开吃』『教来兴儿买了一坛金华酒，一瓶白酒』『在西书院花亭上置了一桌酒席，和孙二娘、陈经济吃雄黄酒，解粽欢娱』『铺内有南边带来豆酒，打开一坛』……全书提及的酒名有20余种之多。

关于豆酒，据清代《绍兴府志》载：『豆酒者，以绿豆为曲也。近又有薏苡酒、地黄酒……间出新意，味俱佳。』

明代大画家徐渭很喜欢酒，曾盛赞：『陈家豆酒名天下。』

酒名种种

《镜花缘》中描写几位才女来到凉亭玩猜谜游戏。紫艺听说青钿刚才踢球时，把鞋都踢飞到半空中，便说道：『这倒可以打个曲牌名，叫银汉浮槎。』意指酒具。又有一位说：『我因玉英姐酒鬼二字也想了个谜，却是吃酒器具，叫过山龙，打《尔雅》一句。』过山龙是近似虹吸管，能将酒吸上来的一种酒具。

对于当时酒店，书中也有描述，说小将向前走了数步，路旁一家门首飘出一个酒帘。那股酒香真是芬芳透脑，只觉喉咙发痒。信步走进酒肆，只见上面有一副对联，写着：『尽是青州从事，哪有平原督邮。』青州从事指好酒，平原督邮指质量差的酒。对联落款为『欢伯偶书』。欢伯是酒的代名词。当中有『红友』，题额是『糟邱』两个大字。红友为酒之雅号。旁边的对联是麹秀才所书。上联是：『三杯软饱后，一枕黑甜馀。』麹秀才亦是酒的代名词。而对联中出现的『软饱』及『黑甜』则是苏轼在词作中，形容文士醉酒而眠时所用词语。书中还记录了这家酒肆粉牌上所书55种各地名酒，一位客人看罢只觉酒香喷鼻，口涎直流，说：『我全尝尝，先将前十种各取一壶。』书中前十种是『山西汾酒、江南沛酒、真定煮酒、潮州濒酒、湖南衡酒、饶州米酒、徽州甲酒、陕西灌酒、湖州浔酒、巴县咋酒』。但这客人每种只吃了半碗，心想：『都是新酿不好吃，看看别的店有没有陈酒。』走不多时，来到另家酒肆。恰巧此家不卖新酿，只卖陈酒，粉牌上所写古来各处所产名酒更有百余种。见有人用金貂帽换酒，也取下随身宝剑说：『此剑抵押你处，先斟三十碗解渴。』转眼喝干，咂咂嘴道：『明知酒害人，又管不住自己的嘴，今日索性放量几碗，明日再戒吧。』登时将店中百余种陈酒尝遍，只觉天旋地转，醉倒在地。

酒
酒

清代名酒

清末方言小说《海上花列传》中，对当时酒名有所记述。『外场邀匡二到后面厨房间壁帐房内便饭，特地墩起一壶绍兴酒，大鱼大肉，吃了一饱』。三人『踅进德兴居小酒馆内，烫了三壶京庄，点了三个小碗，吃过夜饭』。主人『惜酒不得佳者，令干仆四出去求名酒』，还提醒说：『酒则锦江春第一。』清代还有一部小说《蜃楼志》，其中讲到有个武人想去投奔哥哥协拿洋匪。途中住店后，要酒吃饭。店家说：『本店有上好的太和烧。』武人说：『打十斤酒，五斤牛肉来。』不一会儿，便盘净碗干。又记某人在家宴中对客人说：『天气很热，绍兴酒易出汗，换过陈年汾酒，却凉快些。请宽饮几杯。』

有文献记载，林则徐因禁烟从两广总督任上被革职发配伊犁充军，西行至凉州，作诗曰：『玉门杨柳听羌笛，金盘葡萄漾麴车。』

南北酒香

清代有一部禁毁小说《隔帘花影》，其中比较多地记述了当时各种酒的名称，有一定史料价值。其中涉及酒的情节有：

旧日里的伙计打听到大娘的消息后，便买了不少肉食及一瓶黄酒，叫他老婆去探望。

沈氏青年取过茶杯，满满斟上麻姑酒，那酒又香又辣，皮员外接过一饮而尽。

一人坐船到了繁华烟火的扬州，觉得处处新鲜。立即下船沽了一坛三白泉酒，在船中与胡员外一起畅饮，所用酒杯是小金莲蓬盅儿。喝到后来，又取出一件宫中宝物西洋老血兕，满满地斟上酒。

作者还提及人生苦乐不同，贫富不等的现象。大雪天，富人打开隔年的泥头竹叶酒，赏窗前盆内梅花。而山野贫民，厨下无柴，瓮中无米，破屋内土炕上全无铺盖。

见到金朝兵丁所饮为蒙古老酒。

关于酒家的描写有：见酒楼一座，两旁挂着一副对联『天地有情容我醉，江山无语笑人愁』。门前齐整，新油的丹青碧绿可爱。楼上坐满客人，有凭栏观江的，有猜枚行令的。酒保穿梭递送酒肴。此外，所述较寒酸的小酒馆有：老守备无家可归，便赁了三间房，开了个冷烧酒店，在门首坐店上账。

天地有情容我醉
名酒
酒
酒

冰酒可饮

《红楼梦》中，凤姐曾对宝玉说：『别喝冷酒，仔细手打颤儿，明儿写不得字，拉不得弓。』那么，古人就非热酒不饮吗？也不是的。明末清初长篇小说《醒世姻缘传》中就有饮冰酒的情节。小说中的时间是五月中旬，有一位正打官司、递诉状的人，奔走于各官僚机构之间，而后回家报告消息。他心急如焚，浑身大汗淋漓，便坐在厅堂内吃杯冰拔的窝儿白酒，安定一下情绪。有客拜访，他便说：『今天气温很高，你脱了外衣，也吃杯冰拔白酒，凉快会子吧！』从唐诗中还可知晓那时的古人，已喜欢喝冰凉的酒，『井放辘轳闲浸酒』，利用井水将酒浸凉的方式是十分环保方便的。清代一位地位很高的王爷喜欢听戏，不料夫人却私下向一名武生演员暗送秋波。某日，夫人让宫女拿一个玻璃瓶斟上两杯酒，武生喝了一口，清凉震齿，那香味从鼻管中直冲出来。夫人说：『这酒还是为高宗祝寿进贡遗下的。西太后时十瓶只余下五瓶，赏给王爷两瓶。非佳节不肯饮的。听说是外国王妃用五色菊花浸在蜜里，蒸晒之后酿成的，所以叫菊花冰麟酒。可以益寿健骨的！』听到这些，武生不免多饮几口，夫人也面泛桃花。故事中的这酒，从字面上看应以冷饮为宜。

实际上，早在周代人们已在青铜鉴内放冰块，将『酒浆之酒醴』加以冰镇，『宾客共冰』。《楚辞》中记有不少冰镇冷饮：『清馨冻饮』『挫糟冻饮，酎清凉些』。出土文物中亦有实证，如湖北随州曾侯乙墓出土两套鉴缶。鉴内放冰，有盖，正中放铜缶装酒，亦有盖，使用方便。冰镇的酒用酎酒，属『醇醲之酒，宜于寒饮』。

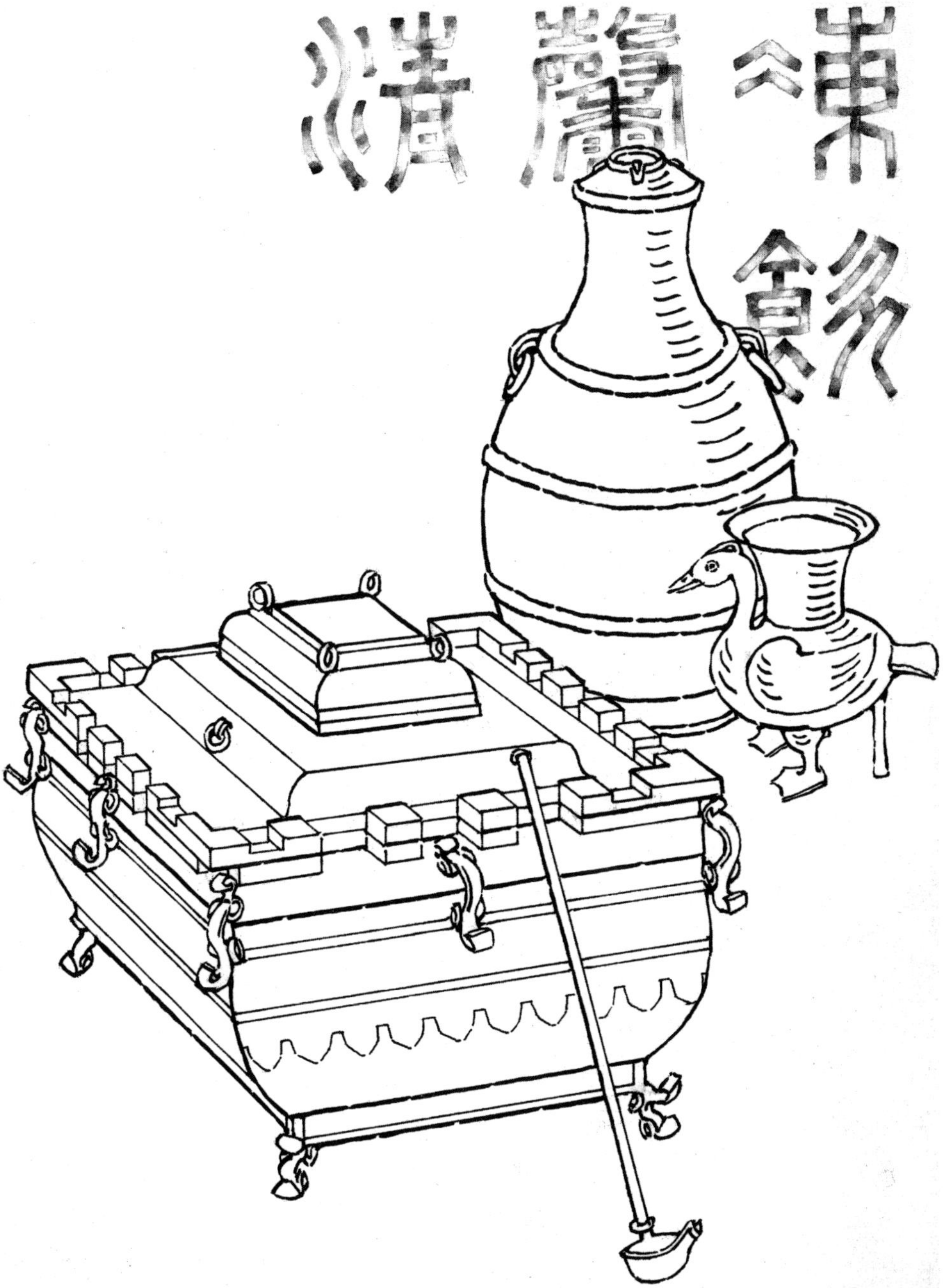

酒席规矩

古代饮酒有一个不成文的规矩，叫作『主不饮，客不欢』。如清代言情小说《五美缘全传》中记述，一位行侠仗义的汉子在逃脱官府围捕后，才觉腹中饥饿。发现有富户正办宴席，便提着刀闯了进去，对主人喊道：『有酒饭送与俺充饥，不然这刀就要得罪了。』随着他的喊声，宾客转眼散去。他自顾自吃光桌上残酒，又让主人赶快拿酒来，吓得主人连忙拿来几瓶酒，站在一旁露出魂不守舍的神情。那汉子道：『古人云：主不饮，客不欢。』主人知他是怀疑酒中下了迷药，便战战兢兢急忙上前，把酒倒在那汉子刚用过的大碗里，自己先喝下一大口。汉子见主人把酒咽下肚里，才放下心来，一口一大碗地喝了起来。算是古代江湖中一种自我保护的办法吧。

此外，俗话说斟酒要满，茶要八分。酒斟太少，显得主人不大方。茶倒太满，不方便客人饮用，且有烫手之弊。满酒的规矩起源何时，似无定论。不过，唐诗中有：『暖手调金丝，蘸甲斟琼液。醉唱玉尘飞，困融香汗滴。』蘸甲，即指斟酒满到捧起酒杯时，指甲与酒杯口的酒面齐平为准。

珍重酒香

禁『风搅雪』

《醒世姻缘传》中有一则略带迷信色彩的故事。说的是有位姓晁的人行围打猎，射死一只狐精。归家后不久便觉身体不爽。晚宴上也是精神恍惚。酒友说：『是否路遇风寒，吃碗酸辣汤发发汗吧！』他说：『你叫丫头暖壶热酒，我吃两大盅！』于是丫头暖了一大壶极热的酒，拿来两只银镶雕漆劝杯。众人见他如此，也没了兴致，淡淡吃了几杯，就罢酒进里屋分头睡去。

饮酒的人有一种说法，不要同时饮用多种酒，否则很容易醉倒。这种说法是有科学依据的，主要是因为不同种类的酒原料不同，不同原料所产生的化学变化会使饮酒者更易产生头晕、呕吐等症状，自然易醉。该书也提到这种说法，如有两个人在酒馆饮酒，一个人说：『这种新烧酒确实厉害，咱再另打些黄酒吃吧！』另一个人则说：『吃酒不论烧酒或黄酒都能喝，那才是能喝酒有海量的！咱俩都吃了这半日的烧酒，又想再换吃黄酒，这可是酒席上最忌讳的，叫作「风搅雪」，不好，索性只吃烧酒一种罢了。』

书中还有一则有趣故事：狄某因怕去成都任职，经上下打点，花去四千两银换来个武英殿中书舍人。『平地乍上青天』，家里除忙定制官服、准备官场用品外，大排喜筵。酒入欢肠直至四更天，全家沉醉才肯睡去。家里下人也乘机偷得大瓶美酒狂饮酣醉不起。结果，本该早朝向天子叩首谢恩的狄某，却天已大亮还在梦中。睡到自然醒的狄某一路狂奔，刚至长安街就遇到散朝的官吏，只好回转家中。立马接到严旨：『降一级外调出京。』结果，还是被派往他最不愿去的成都府。

善饮说酒

清代一部描写侠义英雄的小说中，有关于饮酒的对话，十分真实。话说两位会武功的男子，一起走到城里一家酒馆。进门后，做东的那位十分客气地说：『这种小酒馆，又在仓卒之间，实在办不出好酒肴，不过借这个地方谈谈话罢了。』随后选了个略为僻静些的座头。向店家点菜时，做客的那位并不客气，专为自己要了一斤山西汾酒。做东的人说：『像我这样不会饮酒的，看了山西汾都有些害怕。若要喝一小杯下去，肚子里就得和火一般的烧起来。』做客的人说：『凡是会喝酒的人，越是天气热，酒喝到肚里去，越觉得凉快。』不大工夫，一斤汾酒喝尽，又自向堂倌要了一斤。喝到最后，酒已见底，做客的人把酒壶一推，说：『空肚子酒还是少喝些吧！』可见古之侠客酒量真如巨鲸吸虹。

珍重酒香

酒逢知己

清代小说《儿女英雄传》中讲到两位长者对饮的故事。一位有些拳脚功夫的老庄主，自称以酒交遍天下，总不曾遇到过对手。『往往见人不会吃酒，就说这人没出息、没干头儿』。要是与酒友喝到畅快时，说煤是白的他都信。前来拜访的老者了解到这些信息后，在与其会面，家人献茶时，故意说：『我不大喝茶，别无所好，就是好喝口绍兴酒。』庄主听到酒来了兴趣，身体往前一探，问：『你能喝多少？』老者说：『年轻时浑喝也不知醉。现在上了年纪，只喝个二三十斤就露了酒了。』庄主听罢，乐得跳了起来，说：『没想到遇见知己了。家里大伙胡说酒会犯脾湿，酒会乱性。我喝了八十年也没见怎么着。都是那些不会喝的造出的谣言。』说罢，就让家人开一坛大花雕。酒菜摆上桌，庄主取来一对大杯，两人是酒到杯干。老者见老庄主喝酒不大吃菜，只『因鲸吞一般的豪饮，没有夹菜的功夫』。老者是位身有余闲、家无多虑之人，这一次是专程前来为老庄主祝寿的。夫人为他准备的诸如衣料等礼品，他认为不合寿星的喜好，自己特意从天津酒行找了120坛上好陈绍兴酒，并从运河水路托运而至，以供老寿星消愁解闷。

陈酿兑酒

《儒林外史》中描写了不少当时饮酒的习俗。如有诗才、州考首卷的杜公子结识了三个朋友，其中一位是投资刊刻图书的读书人，一位是请来帮助选书的，另一位是在刻字店混事的。次日，杜公子请这三人至寓所饮酒观花，挥麈清谈。宴饮用的是永宁坊上好的桔酒。杜公子酒量极大，却不甚吃菜，只拣了几片笋和几粒樱桃下酒。席间还有人吹笛唱曲。这酒一直吃到明月升起，照得牡丹花色越发精神。主客都颓然大醉。忽然有个和尚走来，拿出祁门炮仗，说：『贫僧来替老爷醒酒。』放过之后，硝黄烟气还缭绕酒席。至晚三人告辞而去，公子派人送客。过了二日，三人相商在聚升楼回席请杜公子吃酒。

书中还讲述了一段故事。叔侄二人饮酒时，老叔对杜公子说：『你这酒是市面上买来的，年份有限。你家里有一坛酒也该八九年了，是你令先大人亲口对我说：「家里埋了一坛酒，等我做官回来，你我痛饮。」』杜公子于是到后堂问来问去，才从一名老家人那里问明：『这酒还在一间小屋内地下埋着，已有九年零七个月。这酒醉得死人，少爷可不要吃。』又说：『这坛酒是两斗糯米做的，加二十斤酿，又兑了二十斤烧酒，一点水都没掺。』公子命人挖出并抬至书房，打开坛头，舀出一杯，如糊糊一般堆在杯子里，闻着确是透鼻香。老叔说：『你叫人到街上买十斤酒来掺了，方可吃得，今日是吃不成了。』次日，客人到齐，老叔叫人把酒坛拿来，吩咐烧炭堆在桂花树边，把酒坛放在炭上。过了约一顿饭工夫渐渐热了，杜公子命人拿一个金杯、四只玉杯，从坛中舀酒。老叔捧金杯，吃一杯，赞一句：『好酒！』直至三更才将一坛酒吃完，众人扶醉散去。

探酒品味

清代长篇侠义小说《永庆升平全传》中，描写一名老者与带兵统领一起走进泰来客店，老者让店小二拿『上好的陈绍酒一坛及五壶瓮头春酒来吃』。小二搬来一坛，『先拿酒探子探出一碗』，叫客人尝尝。老者说：『倒出来上半坛，下半坛有泥，我不要。』小二回身又把瓮头春送到。看来西方侍者让主人先尝酒的习俗，我国早已有之。

小说中对于当时酒店的描写很详细。如『来至酒楼门口……外面搭着天棚，挂着酒幌儿、茶牌子。有一对联：名驰冀北三千里，味压江南第一家。』客人对跑堂说：『给我拿一大酒瓶子，能盛三角酒才好。』另位客人问：『多少价钱一两？』跑堂答：『六文钱一两。』另有对小酒铺的描述：二人进了『小酒铺，里边是三间房，靠北墙一张八仙桌，两边两条板凳，桌上搁着一碟豆腐干』。坐下后对掌柜说：『给我打半斤酒。』小伙计拿过来一把壶、两个酒杯。

小说中还提及药酒。如邓小姐摆席请青年将官入座，问：『喝烧酒还是女贞陈绍？』将官说：『烧、黄二酒，我不用，最喜欢吃药酒。』小姐说：『我这里虽不全，也有几十样药酒，你吃哪种？』将官说：『茵陈、瓮头春、五加皮是过了景了，此时立夏，喝莲花白酒、黄莲叶酒，又时令太早。有一种荷叶青，给我拿两瓶来。』

名馳冀北三千里
味壓江南第一家

中国古代饮酒时所行酒令及酒筹的使用，可谓是中国文人对于丰富古代酒文化内容、增加人们的饮酒乐趣所作出的大贡献。

罚酒招乐

唐诗中有『醉折花枝当酒筹』之句。《二十年目睹之怪现状》中有关于酒筹的描写：原来是一个小的象牙筒，里面插着几十枝象牙筹。有人拿过摇了两摇，掣了一枝，只见上面刻：『二，吾犹不足。』小字刻着：『掣此签者，自饮三杯。』又有人摇过抽出一根却不言不语，有客问：『该谁吃酒？』把筹拿过来一看，只见上面刻『子归而求之』，小字刻着『问者即饮』。此人只得罚吃一杯，引得众人一阵哄笑。酒筹可用金银竹木牙角等材质制作，用以计算行酒、罚酒数目，或根据所抽出酒筹上所刻的诗句内容罚酒。

行酒令是需要有一定文化水平的。酒席上要推举出一位能够活跃气氛、有才思且善饮者为令官。行令前先饮面前的酒称之为『门杯』。罚酒用公杯斟满备用称『酒面』。酒未饮干时称为『酒底』。文士行酒令时，须根据要求从诗词曲赋等典籍中寻章摘句，显示出平日的知识积累和文化素养。从《红楼梦》中可找到行酒令的实例。

投壶是一种流传很久的酒席游戏。壶实际是瓶。最初为深腹修颈，到了晋代在长颈铜壶的口部出现双耳。另备十数支木制细箭，长至二尺。在等距离内投入壶中的箭少者罚酒。且因壶耳小于口，故投中可加分，因而人们『争偶尔之侥幸，舍中正而贵旁巧』。

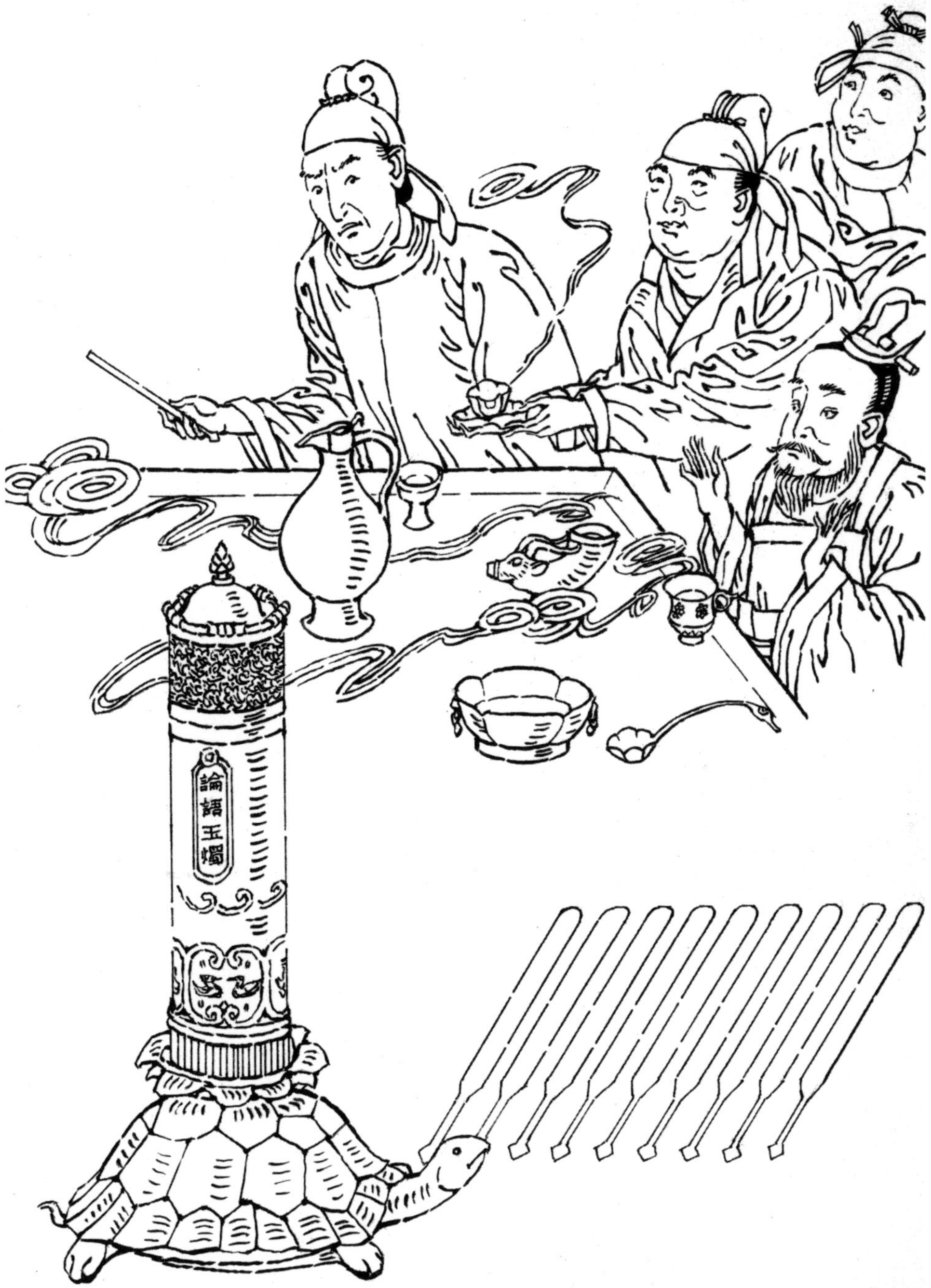
論語玉燭

撇兰聚饮

晚清谴责小说《负曝闲谈》中，描写了一种文士相聚小酌时集酒资的办法，十分文雅有趣。三五好友，或诗友或画友，兼均为酒友。三日五日，便相邀一起谈天说地。酒楼上的开销如何解决，文士们自有妙招——撇兰法。首先根据食客总人数，由擅长绘画者在纸上画出相应数目的一组兰花叶条。自然，都不擅画亦无所谓，因不属画兰比赛，即使如同乱草，只要与到场酒友人数相同便可。然后，背着众人在每一兰叶下写上客人姓名，其中只选一位不署名，用另纸盖严不使人看。此时，客人依次在纸上写下自己准备出资的钱数。到了揭开谜底的时候，那位没有被署上名的酒友，无论愿出酒钱几何，都将幸运地被免单。其余人凑齐酒资，接下来便是畅饮闲谈。

酒席中为助兴，文士们乃至官绅仕女还会做一些游戏。如唐人诗句中有『隔座送钩春酒暖』，是指饮酒时的藏钩游戏，若猜不出钩现传至何人手里，便要罚酒。又如宋词中有『酒阑命友闲为戏。打揭儿、非常惬意』之句，打揭儿是以双六为博戏的游戏。再如《金瓶梅》中有：两人猜枚吃了一回，又拿一付三十二扇象牙牌儿，桌上铺茜红苫条，两个抹牌饮酒。《金瓶梅》中还记有春梅叫迎春拿骰盆儿来，『咱们掷个骰儿，抢红耍子儿罢』。不一时，迎春取了四十个骰儿的骰盆来。二人都是赌大钟，『你一盏，我一钟……把一锡瓶吃的罄净』。

醉

酒席各异

清代著名传奇作品《桃花扇》中，描写饮酒的词句有『花里行厨携着玉缸』。行厨指酒食盒挑子，玉缸指玉制酒杯。还有『节寒嫌酒冷，花好引人多』『好饮扶头卯酒』。卯酒即卯时所饮之酒，扶头指酒名。其中李香君与侯朝宗等饮酒，香君提议：『何不行个令儿，大家欢饮？』并说：『酒要依次流饮，每一杯干，各献所长，便是酒底。么为樱桃，二为茶，三为柳，四为杏花，五为香扇坠，六为冰绡汗巾。』香君敬侯相公酒，以香扇坠为题，酒友催侯相公速干此杯，请说酒底。侯朝宗将一杯酒饮干，说：『小生做首诗罢。南国佳人佩，休教袖里藏。随郎团扇影，摇动一身香。』

腐败的南明弘光政权中，参赞机务的大学士马士英排挤史可法，力荐阉党阮大钺任兵部侍郎，编制黑名单《蝗蝻录》，打击支持东林党的复社人员，一时人人自危。其中《骂筵》一场，描写阮大钺与一帮奸臣以为皇帝选新戏演员为名，大摆酒宴。李香君决心『作个女祢衡』『拼一死，吐不尽鹃血满胸』。在筵席上大骂阮大钺『干儿义子从新用，绝不了魏家种』。

在《赚将》一场中，拥兵十万的总兵许定国因欺君糜饷，被元帅高杰当面责骂后，定计设宴，当高杰醉酒后，夜半帐外伏兵四起，许定国持短刀将高杰害死。许定国遂降清，封平南侯，引清兵入城。

《馀韵》一场中，写江光似练，秋雨新晴。樵夫找渔夫饮酒谈心。但无钱沽酒，幸有枯柴江水，准备煮茶清谈。正遇弹弦老者，老者说：『今日弹唱乐神，社散后，分得这瓶福酒，三人同饮吧。』樵夫说：『无菜下酒。』渔夫说：『古人以《汉书》下酒，我有新编弹词唱来下酒吧！』说罢，老者弹弦，渔夫唱『六代兴亡，几点清弹千古慨。半生江湖，一声高唱万山惊』。

酒具有别

随着酒的产生，酒具的设计制造也日渐成熟。新石器时代的酒具以陶器为主；周代以青铜器为主；秦汉以降除青铜器外，漆木器、陶器等渐多；隋唐时期以瓷器及贵金属器为主；元以降，玻璃、玉及贵金属等珍贵材料均用于酒具的制作。而且随着酒的提纯，酒具容量渐小。

现仅就商周秦汉时期品种繁多的青铜酒具略加介绍。饮具有：爵，最早为夏代祭祀用器，所谓『礼天地、交鬼神』，口部有柱以限饮；觚，盛行于商代中晚期；角，周初多用，形同爵而无柱、流，造型简单，有『尊者举觯，卑者举角』之说；觯，西周早期多用，扁圆有盖。盛酒器体形较大，包括：斝，也作温酒及祭祀灌地用，地位低于爵；卣，专用于盛鬯酒，所谓鬯酒是用黑黍、郁金香所制，色黄香浓；尊，动物造型者较多；觥，动物造型者较多，有盖，有『觥筹交错』之说；方彝，大型盛酒器，西周中期多用；罍，商代晚期多见，有盖。尊缶及冰鉴套装使用，用于冷藏冷饮。另有两种值得注意的青铜酒具：其一为禁，湖北随州曾侯乙墓中曾有出土，相当于一组酒器的承盘，有饮酒有度之意；其二为盉，用以盛玄酒，玄酒即水，盉实际用来将水与酒进行调兑，改变酒的浓度。也许就是后代酒中加水之滥觞。战国秦汉时期，青铜酒器逐渐退出酒席，代之以漆器制品，如耳杯、锺、钫、壶等。锺为圆形，有盖，盛醞酒，又名酎酒。钫为方形，盛米酒。另有椭圆形扁壶为椑，可盛酒二斗有余。卮，有盖、把，容量标准为一斗、七升及二升。

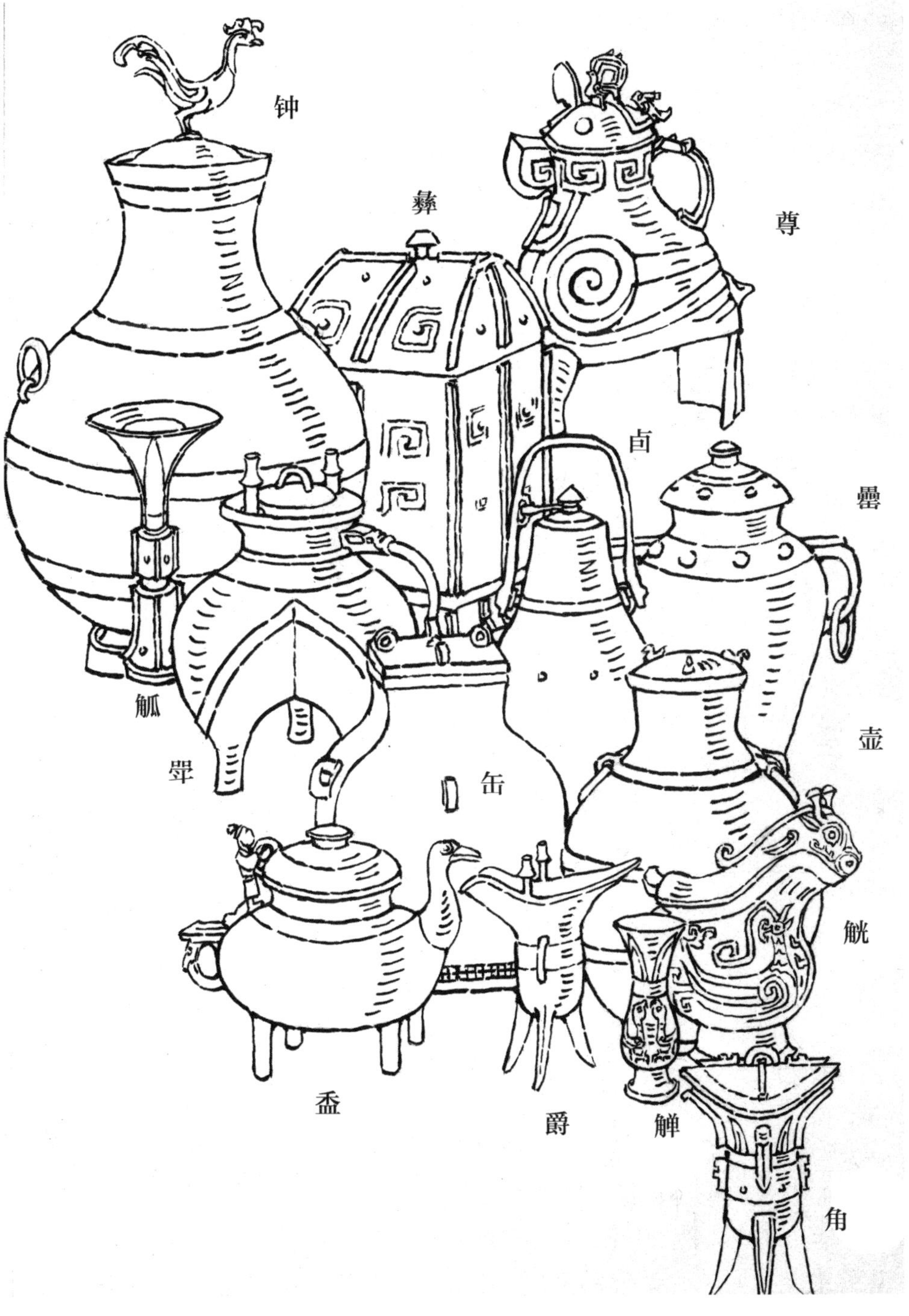
钟
彝
尊
卣
罍
觚
斝
缶
壶
觥
盉
爵
觯
角

鹦鹉酒杯

品酒时，欣赏手中别样珍贵的酒杯，更能增加人的乐趣。据资料记载：汉武帝刘彻（前156—前87年）因思念宠爱有加却不幸病逝的李夫人，不仅『以后礼葬焉』『图画其形于甘泉宫』，而且还作歌：『虚房冷而寂寞，落叶依于重扃……安得感余心之未宁！』武帝泛舟昆灵池，见『日已西倾，凉风激水』，更是悲不自止。内侍见此『乃进洪梁之酒，酌以文螺之卮。帝饮三爵，色悦心欢』。洪梁酒为汉代关西名酒。文螺之卮为用泛着五彩光泽的海螺制作的酒杯，或称鹦鹉杯。一螺中能贮三杯酒的，称为九曲螺杯。从古诗中可知，因螺壳颜色有别，故称白螺杯或红螺杯。东晋广州刺史陶某以鹦鹉杯一只呈献成帝，因是南海特产，中原地区稀见而十分宝贵。不少鹦鹉杯还镶有金银边饰。南京东晋王兴之墓出土了一件鹦鹉杯，以铜镶扣，两侧有铜耳，杯体饰朱红条纹，可谓弥足珍贵的出土文物实例。

珍重酒香

珍奇酒具

唐代被从左丞相位排挤下来的李适之，便是杜甫所作《饮中八仙歌》中的人物之一。诗中描写他『左相日兴费万钱，饮如长鲸吸百川』。据称他收藏着许多珍贵酒杯，如蓬莱盏、川螺杯、舞仙杯、瓠子卮、慢卷荷、醉刘伶及东溟样等。

宋代酒杯，如宋词中云：『谪仙何处，无人伴我白螺杯。』又如：『叶叶红衣当酒船，细细流霞举。』以荷花瓣盛流霞酒饮之，十分环保。据宋人记载：有人为求名家给自己亡故的父亲撰写碑文，送去金制酒盘盏十副、金制注子（酒壶）二把作为润笔。心不可谓不诚，礼不可谓不重。

传世金代磁州窑四系诗文酒罐，最宝贵的是罐体上的一首诗：『岁序成摇落，深居避俗喧。尘埃从几席，书剑沿乾坤。把酒真聊耳，题诗敦共论。东林有高士，赖首过柴门。』金章宗时期，曾拿出国库酒万尊，『赐民纵饮』。又下诏将三千余瓶酒，赐给北边军吏。由此可见，盛酒器具的需求量也是很大的。

唐
宋

金荷赐酒

古代小说中，往往在描写人们品酒时会提及各式各样的酒具。这些细节描写，同样是为塑造人物身份、性格及其文化修养、审美情趣服务的。如在一部明清时期小说《合锦回文传》中，一位辞官归隐的老者膝下只有一女，很有文学天赋，正待字闺中。一日，小姐同丫环们在园中赏花赋诗，一名小丫环捧着一小银壶陈酒走来。小姐只饮得两小犀杯酒，便摆了摆手，让一旁有个年长的婆子去把余酒用另外的杯子饮尽。这个婆子因与小姐母亲相识，平日也不把自己当外人，又让丫环暖新辣酒，吃了两壶，就有些酣醉了。后来，老夫人因这个婆子参与为小姐说媒事宜，便留她在中堂内用酒饭。老夫人命丫环取大杯斟酒与那婆子，婆子连饮三四觞竟烂醉了。宋人词云：『酒恋歌迷。醉玉东西。』玉东西指酒杯。另宋人词云：『冰堂酒好，只恨银杯小。新作金荷工献巧，图要连台拗倒。』何物称『金荷』呢？据《酉阳杂俎》所记，唐代文人于盛夏赏荷花品酒时，采荷叶卷呈筒状，将叶面正中央与梗连接处打通，利用叶梗中空如吸管的特点，将荷叶筒内的酒吸入嘴中。一般可容酒三升。此时，酒过叶梗，别有一种冷香和雅趣，被称为『碧筒饮』。正如元代酒友所述：『玉茎沁露心微苦，翠盖擎云手亦香……倾壶误展淋郎袖，笑绝邪溪窈窕娘。』用真荷叶为杯盛酒固然有趣，但漏酒可惜。唐以后便出现以各种材质仿此造型的荷叶杯。据资料所载：南宋孝宗在内殿秘阁召大臣胡铨饮酒，『上御玉荷杯，铨用金鸭杯』。又由『兰香执玉荷杯』，天子亲自注酒，赐铨曰：『酹以玉荷杯者，示朕饮食与卿同器也。』天子在回忆往昔之苦后，又命潘妃执玉荷杯唱曲。曲毕，宋孝宗一激动也高歌一曲，曲罢向胡铨表示：『调起高了，这几日嗓子痛，声音稍涩，爱卿你不嫌弃吧！』有词云：『共倒金荷家万里，难得尊前相属。』

珍重酒香

智能酒具

唐代不少文人喜欢撰写传奇小说，这对于后世读者了解当时民俗民风、社会百态是极有帮助的。譬如有一篇题为《马待封》的小说，主人翁是位心灵手巧的木作匠，很会制作木质机械人，在智能酒具的研发上也有独到之处。他曾做了一个高三尺的酒山，放置在大木盘正中。木盘底部由腹中藏有机关的木龟托负着。酒山中空，可贮酒三斗。木盘内则为酒池，山脚周围布满铁制荷叶荷花，叶子下边可摆放下酒小菜。山峰三面各雕云龙一条，口中可以喷流出美酒，与龙头相对应的荷叶内放酒杯一只，正好盛接到龙嘴喷流出的酒液。待杯内酒液注至八分满时，龙嘴自动关闭，杯中可容酒约八两。如果杯中酒满而未被取饮时，山顶小楼阁门打开，有木制小童出来催酒。待空杯又被放到荷叶之上时，龙嘴再次喷流出美酒。催酒小木人退回原处，阁门随之紧闭。酒池内积存的余酒通过孔道流回山内所藏贮酒器中，宴罢滴酒不剩。

在清代小说中亦有智能酒具的描写。其一写道：主人取出一个高七寸的西洋进口美女形机器人，触动开关，那机器人手捧酒杯，便走向客人献酒。其二写道：主人拿出攒花镀金酒杯，下有底座及四个轮子。当自动斟酒壶注满酒后，酒杯会自动走到客人面前献酒。当年发明木牛流马的孔明，如不是事事操心的话，闲下来做个智能酒具恐也不难。

御用酒具

宋徽宗赵佶（1082—1135年），虽自称『天下一人』，却不专心朝政。倒热衷于研创瘦金书体，点染翎毛花卉，赏玩奇石异草，听曲赋诗等。他还半夜通过密道，悄悄与名妓李师师幽会。为博李师师一笑，他经常挑选皇宫内库中的奇珍异宝，包裹严实偷偷带出宫门赐予李师师。因此，李师师楼内稀世宝物之多，令人瞠目结舌。珠宝文玩、绫罗宫缎自不必细说，就连以宋徽宗亲自所拟『玉楼人醉杏花天』为试题、从应试画家作品中选拔出的佳作，都出现在李师师的卧房中。

此外，就要说及徽宗赐李师师的酒与酒具，御酒有桂露酒、流霞酒、香蜜酒等女性更喜饮之酒；酒具有鸬鹚杯、琥珀杯、琉璃杯，还有雕花金酒壶盏共十套。这些酒具在当时应价值不菲。

赐酒赠杯

且说宋徽宗赵佶因战火平息，时局平靖，下旨在元宵节大办灯会，点缀升平。汴京城内遍悬彩灯，如繁星下垂一般。又有双龙衔照及直趋禁阙的彩山。赵佶又传旨：为与民同乐，不禁百姓入内纵观。一时人山人海，市民纷纷涌入宫门观看鳌山灯彩。赵佶又命内侍乱撒金钱，引得百姓哄抢，所幸没有引发踩踏事件。到了元宵夜，赵佶又赐前来观灯的万民在端门前免费领取每人一盏的皇封御酒。有趣的故事便发生了。有一位体态婀娜、举止文雅的青年妇女也排在领酒长队中，等到饮过一盏后，却把金杯暗中藏在怀中快步离去。其实，在这样纷乱的场合中，负责供酒、维护宫内安全的光禄寺官员们眼睛都睁得很大，刚才那名妇女的可疑动作早被他们盯上，于是上前拦住她的去路，准备以偷盗宫内珍宝罪逮捕她，并在第一时间向赵佶作了汇报。经过询问，原来事出有因。这位妇女与丈夫一起观灯被人流冲散。假如喝了酒，而未同丈夫一起回家，怕引起公婆的误会，所以想带走金杯证明是皇帝赐酒。这位妇女还出口成章，作词一首：『天渐晓，感皇恩，传赐酒，脸生春。归家只怕公婆责，也赐金杯作照应。』对于经常赐女人珍宝的徽宗来说，一个小小的酒杯不算什么，就赏给了这位妇女作个元宵佳节的纪念品。

紫禁酒具

宋孝宗赵昚（1127—1194年），宋太祖七世孙。宋高宗禅位给他，自己去当太上皇。孝宗基本主张抗金，较重视武备，在南宋诸帝中算有些作为。不过国力衰微，他只得与金人重订城下之盟：宋以叔父礼事金人；割四州；岁纳二十万两银、二十万匹绢。好不容易战事平息，孝宗为太上皇夫妇修造德寿宫、香远堂，内部装修豪华。为了添置太上皇所需文玩字画，一帮内侍狐假虎威，到处招摇，甚至德寿宫运大粪的船连大臣的官船都敢冲撞。有言官不断向天子告状，其中提到德寿宫有贩卖私酒现象。太上皇得到安插在孝宗身旁眼线的密报后，大动肝火，说：『朕在宫中饮酒，也说是私酤！』立马叫人用玉壶灌满酒，亲手写了『德寿宫私酒』字条贴在壶上送给孝宗，以示警告。孝宗见到后十分惊骇，除当面谢罪外，还把言官调离本岗，并叮嘱大家：『太上皇的事你们睁一目、闭一目吧！』为了讨太上皇欢心，有一次陪他们夫妇游新建的聚景园时，孝宗奉上一只玉酒船，当向船内注酒时，其中人物、花草皆可随之摇动。也许是和平接班，孝宗对太上皇确是十分孝敬。某日，又到香远堂陪太上皇饮酒赏月，不少酒具都是珍贵的水晶制作。孝宗亲执玉杯奉酒，并赐席间吹白玉箫的刘妃一套累金嵌宝碗、杯、盘。太上皇也赐席间献诗的大臣二百两重的镀金酒器及羔儿酒等。

宋孝宗有一次乘舟到断桥游玩，在一家酒店迎门的屏风上读到一首词：『一春长费买花钱，日日醉湖边。玉骢惯识西湖路，骄嘶过、沽酒楼前……明日再携残酒，来寻陌上花钿。』孝宗十分赞赏。不过，他认为其中『再携残酒』不免显得寒酸气，过于写实，可改为『重扶残醉』，才更觉词意深远生动。同时，还为词作者安排了适当的岗位，以尽其才。

珍重酒香

豪华酒具

元代宫廷酒宴礼仪要求严格，有专职人员执酒觞并对现场秩序进行管理。皇帝饮酒时，奏祝酒乐曲，饮尽曲止。陪酒官员饮酒时，则另有规定的乐章。元人除日饮奶酒外，最喜高粱酒。元代皇帝大帐内的酒桌上摆放着酒具。贮酒用的酒瓮等称为『酒局』，喝酒用金银大碗。也有用金银制造的动物造型贮酒器，下置银盆用以盛滴落的酒液。最为繁杂的饮酒设备由欧洲工匠制造：银制大树下立有4只银制狮子。与之相连有4根管子通往帐外贮酒库中，分别接通装葡萄酒、马奶酒、蜜酒、米酒的容器，按酒席需要，将各种酒液通过管子分别从狮子口中流到银盆内，再斟至壶中。酒盆内酒已尽时，由藏在大银树下穴室内的侍者吹响安装在树顶的银制小天使手中的喇叭，通知贮酒库侍者添酒。

元人喜豪饮，贮酒器容量很大。诗句夸张曰『黄金酒海赢千石』，但确有容量为50石的酒海。今存北海团城内的元世祖时期所制直径为135厘米、高70厘米的渎山大玉海可以为证。据资料记载：元人将酒倾入酒海内，再把酒舀至可供10人饮量的金匜内，再斟至大金锺内饮用。

碧山龙槎

元代《忍经》中叙述了一个关于酒杯的故事。北宋魏国公韩琦在镇守大名府时，有人将绝世珍宝，一对玉雕酒杯献给他，韩琦回赠献宝人白金作为答谢。从此，韩琦『尤为宝玩。每开宴召客，特设一桌，覆以锦衣，置玉杯其上』。某日，韩琦在宴请客人时，准备用这对玉杯盛酒待客，不料被『一吏误触倒，玉杯俱碎，坐客皆愕然，吏且伏地待罪』。此时，韩琦见状并未动怒，反而平静地说：『凡物之成毁，亦自有时数。汝误也，非故也，何罪之有？』

元代酒杯多为高足杯，材质为贵金属及陶瓷。诗云：『尽教满饮大金锺。』有些高足杯的底与圈足用子母榫对接，工艺精湛。元代著名传世酒具是『朱碧山银槎』。朱碧山是元代著名工匠，以仙人乘槎作为酒具造型。槎身刻有『龙槎』二字及『贮玉液而自畅，泛银汉以凌虚』与『百杯狂李白，一醉老刘伶。知得酒中趣，方留世上名』之句。款识为『朱碧山造于东吴长春堂中，子孙保之』等字样。

明代《西湖二集》中描述吴越王钱镠衣锦还乡，请家乡父老吃酒。席上规定：80岁以上老人用金杯饮酒、百岁老人用玉杯饮酒。共有十余位老人得享此待遇。钱王喝得十分畅快，不由得唱起歌儿来。但因用文言歌词，老人们也没听懂，反应不够热烈。于是他改用本地方言土语再次抒发情怀。

珍重酒香

金玉酒具

古代官宦豪绅追求酒具的新颖精巧，这一点可以从《金瓶梅》中得到佐证。如：『酒菜齐至，西门庆将小金菊花杯斟荷花酒』『把酒打开……取了把银素筛了来，倾酒在盅内，双手递上去』『旋叫迎春取了个大银衢花杯来，先吃了两钟』『西门庆又讨副银镶大钟来，斟与他吃了几钟』『只见玉箫拿下一银执壶酒』『用铜甑儿筛热了拿来，教书童斟酒』『拿大金桃杯满满斟一杯，用纤手捧递过去』『教琴童拿过团靶钩头鸡脖壶来……倾在那倒垂莲蓬高脚钟内』『呈上一个礼目……玉杯、犀杯各十对，赤金攒花爵杯八只』等。又记两人『在围屏后火盆上筛酒』，因相互打闹『不防火盆上坐着一锡瓶酒推倒了，那火烘烘望上腾起来』。以及为蔡太师上寿的礼品中有『两把金寿字壶……两副玉桃杯』。又有『于是银镶钟儿盛着南酒，绣春斟了送上』『差人来送贺黄太尉一桌金银酒器，两把金壶，两副金台盏，十副小银钟，两副银折盂，四副银赏钟』『乌金酒钟十个』『齐整肴馔拿将上来，银高脚葵花钟，每人三钟』等描写。可见仅一部古代小说中，所描述的中产阶层日常所用精美酒具品种就是如此丰富。

鸡缸酒杯

《海上花列传》中，在描写宴席所用酒具时，多次提到鸡缸杯。如在聚秀堂酒席上，有人从间壁房里取过三只鸡缸杯。在尚仁里某家吃酒，席上也用的是鸡缸杯。猜拳后，又换杯，取六只鸡缸杯都筛上酒。在卫霞仙家酒席上一不留神，一只银鸡缸杯掉落在桌下。在公阳里的酒席上，客人一到便叫拿鸡缸杯来摆庄。东合兴里酒席叫取鸡缸杯斟酒，六人各将照杯干尽。东兴里又一次酒席取出五只鸡缸杯斟酒待客，结果把一只仿定窑鸡缸杯打个粉碎。可见当时人们饮酒多用鸡缸杯。当然未必是明代官窑鸡缸杯，因为据史料记载，明神宗朱翊钧（1563—1620年）万历年间，天子排筵，御前有宪宗朱见深（1447—1487年）成化彩鸡缸杯一双，『值钱十万』。可见在当时鸡缸杯已十分珍贵。此外，据记载：『成窑酒杯，每对至博银百金。』

据清代文献记载，当年查抄和珅家产总单上有白玉酒杯124只，金银碗碟共8400余件。另外，《蜃楼志》中描述粤海关监督赫某贪赃受贿，经查共亏空应上缴国库税饷超过164万两，被罢官并以家私抵偿。其家产被查抄后登记造册，其中有赤金酒壶12把、赤金杯80个、玉杯40个、洋玻璃盏80个、银壶24把、银杯800个，可谓洋洋大观。清代言情小说《春柳莺》中，描写酒席上有人不懂装懂对酒客的诗胡乱评论，引发争议，相互都认为应罚对方一大觞酒。主人连忙劝解道：『二位不必争执，我有一珍藏玩物，名唤玻璃杯。可容两大觞酒，叫下人取来，把你们二位的酒全倒进去，做个官杯，然后行酒令吧。』

順
安

滑稽酒具

《儿女英雄传》中描写文士品酒赏菊的雅兴及相应的酒具。且说安公子购得名种菊花，在院中摆成一座菊花山，连屋子里也安置了数盆珍贵品种后，便提个宜兴花浇边整理花叶边浇水。见一枝金如意、一枝玉连环开得实在娇美，小心剪取花枝，养在书桌旁小几上的霁红花囊之中，便就近观赏。见家人抬进一大坛酒，便问：『滑稽你们没带来吗？』家人被问得莫名其妙，安公子连忙解说：『所谓滑稽，就是掣酒子，俗名过山龙、倒流儿。』家人笑道：『爷要早说是倒流儿，不早就取过来了。』

在汉代有一种外形如鸮鸟的圆形注酒器，当时人称之为『滑稽』。杨雄（公元前53—公元18年），四川人，西汉著名文学家、哲学家。著作有《法言》《太玄经》等。他在《酒箴》中也提到滑稽是酒器，如：『鸱夷滑稽，腹大如壶。尽日盛酒，人复借酤。常为国器，托于属车。』两物相较，显然不是同一酒具，仅同名而已。

胡姬沽酒

为了招揽生意，在同行之间激烈的竞争中拔得头筹，从汉代起就有酒店雇用异族女子坐店沽酒。有诗曰：『胡姬年十五，春日独当垆。』到了盛唐，随着东西方经济、文化交流的增加，这种现象更为普遍。有诗为证：『胡姬貌如花，当垆笑春风』『落花踏尽游何处，笑入胡姬酒肆中』。唐开元年间，两京的市中商店林立。其中有不少酒家为了在社会上获得较大名气，除正常营业外，还不时搞些免费品酒活动。如酒店会派人向行人献酒解乏，所谓『歇马杯』即成为此类营销活动的专有名词。

明代小说集《古今小说》中，介绍了当时酒馆为增加客源而引入的一种带有赌博性质的游戏——扑鱼。实际上这是当时卖鱼行的一种推销手段，所以也称扑卖。扑鱼的玩法是：将数个铜钱扔起落地后，看铜钱正反面的多少。铜钱背面称为『纯』，全部是背面称为『浑纯』。扔铜钱前，双方先议定某条鱼为几纯。客人若输了，掏钱买鱼，若赢了，可将鱼拿走不用付钱。这一日，有位官府的衙役进酒馆吃酒，跟店家说要扑鱼玩玩，酒保将小贩叫到屋内。结果，这位公职人员扑输了，却不但不付钱给小贩，还把鱼硬抢到手中。

堂皇酒楼

据《梦粱录》记载，北宋时期，酒楼林立，酒旗蔽日。店堂装饰夺目。门口挂『绯绿帘幕，贴金红纱栀子灯』。院内『花木森茂』『南北两廊设稳便座席』。天黑之后，更是『灯烛荧煌，上下相照』。有些酒店还组织鼓乐，弹奏《梅花引》曲，以招揽生意。有一座酒店名曰『丰乐楼』，三层五座，各有飞桥栏槛明暗相通，『灯烛晃耀』。开业时，先到的顾客获赠品金旗一面。后因其西楼一层向下能窥见皇宫大内，而禁止登眺，可见楼非常高。另有记载：绍兴城内大道旁，原有供神的楼宇一座。后为适应市场需要进行改造装修，变为『和旨楼』酒店，在原来神像座的下边饰有很大的『酒』字，即所谓『酒酤在官，和旨便人』。

据有关资料记载，金代墓室壁画中出现酒楼图，其上有题句：『野花攒地出，村酒透瓶香。』该图所绘酒楼内外人物形形色色，应为当时市井生活的写照。

新酒
正店
孫記

正店酒香

《喻世明言》中有一则故事描写宋仁宗（1010—1063年）扮作白衣秀士出宫逛街，走至东华门外景明坊，见一座酒楼名曰『樊楼』，知晓是京城最大的酒楼，高三层，五楼相对，飞桥拱联，日迎顾客上千人。可谓：『公孙下马闻香醉，一饮不惜费万钱。招贵客，引高贤，楼上笙歌列管弦。』北宋时期，获得官方营业执照的酒店称为『正店』，当年在开封共有正店72家。分销店称为『脚店』。《清明上河图》中，一座彩楼欢门上布满饰物的酒楼所挂酒旗上写有『孙羊店』字样，在灯笼上有『香醪』及『正店』字样。在画卷中另有一家脚店，酒旗上书『新酒』二字。广告牌上有『天之』『美禄』『十千』字样。匾额上书『稚酒』二字。另据有关文献记载，当时酒的社会需求量颇大，逢年过节，人们争相沽酒畅饮，以至于方近中午，各家酒店便纷纷摘下酒幌告知众人：酒已售罄。

新酒
美禄
天

近水酒家

从描写宋金时期故事的元代南戏作品《幽闺记》中，可以了解当时酒店内部的装饰手法：墙壁上张贴着刘伶裸卧、文君夜奔、阮籍哭歧、李白醉眠的图画，都是与酒有关的名人故事。店内空气中酒气迷漫，真是『开坛香十里，隔壁醉三家』。各路客商至此闻香下马，知味停舟，前来入席品酒。店主唱道：『调和麹蘖多加料，酿成上等香醪。篱边冈旆似相招。三杯倾竹叶，两脸晕红桃。』《负曝闲谈》中描写苏州酒家，因地处河边，故名『近水楼』。每日船来船往，进『近水楼』吃酒的人极多。店主还在河厅内用落地罩隔出不少单间，很受酒客欢迎。书中还描述当时广州客商乘舟酌酒听曲的情景：几位客商齐聚被称为『紫洞艇』，可摆下四桌酒席的大船上，仓内四壁满嵌紫檀红木雕刻的山水图案。全部茶酒器皿都是上等官窑。酒保摆菜烫酒，酒是青梅酒，『入口津津、浓醇得很』。

小二侍酒

元曲包括元代杂剧和散曲。在元杂剧《看钱奴买冤家债主》中，晨起，店小二唱道：『酒店门前三尺布，人来人往图主顾。做下好酒一百缸，倒有九十九缸似头醋……我做了一缸新酒，不供养过不敢卖，待我供养上三杯酒。』又道：『俺将这酒帘儿挂上，看有什么人来。』

此时大雪纷飞，饥寒交迫的书生带着妻儿『到这酒务儿里避雪』。店小二见状心生怜悯，将供神用的酒免费给秀才一家喝尽驱寒。穷书生对酒道：『见哥哥酒斟着磁盏台，香浓也胜琥珀』『赛中山宿酝开，笑兰陵高价抬，不枉了唤做那凤城春色』。『三尺布』『酒帘儿』指酒幌子。『酒务儿』指酒店。通过这一段念白及唱词，可以从中了解元代酒店的经营情况。

《幽闺记》中描写了店小二侍客时的油嘴滑舌。当他看到一对青年男女走进店中，故意高声说道：『浑家请！』被那男子骂道：『夫妻才可称浑家，我的浑家你岂能乱叫，该叫夫人才是！』店小二故意强辩道，古代圣贤教育我们，人之父母，就是我之父母。官人的浑家，也即是我的浑家，『大家浑一浑』。其实，这对青年男女并不是夫妻，只是兵荒马乱同路相伴。女子为表示感谢，让店小二斟酒，敬秀才一杯。秀才向小姐讲起唐明皇与杨贵妃江边饮酒之事。一旁的小二，为了套近乎没话瞎搭话，道：『我小人亲眼见的，也是我斟酒劝他。』书生说：『唐明皇开元到今，有四百余年，你怎么说亲眼见？』

利市仙官

酒肆林立

明太祖朱元璋（1328—1398年）即位后，为休养生息，于洪武年间下诏命工部在南京江东诸门外建楼十座，『令民设酒肆其间，以接四方宾旅』。后来，见酒店营业额颇丰，又增建五座楼，并『诏赐文武百官钞，命宴于醉仙楼』。其他酒楼名曰鹤鸣楼、来宾楼等。另外，在明代小说《型世言》中有『他开个店，外边卖酒，里边下客』『邀进里面一座小小三间厅上坐下』『浅酌荒村酒……六个人吃得一个你醉我饱』『一干弟兄在酒楼上唱曲吃酒』『三个人到一大酒店……叫有好下饭拿上来，摆了满桌……临起身有人又灌上两钟』等情节。《水浒传》中对各类酒店多有描述，如宋江数人走进靠江的酒店，设有『十数副座头』，原来是『唐朝白乐天古迹——琵琶亭』。又如有的酒店内『磁盆架上、白泠泠满贮村醪；瓦瓮灶前，香喷喷初蒸社酝』『壁上描刘伶贪饮，窗前画李白传杯』。还有的酒店『有二十副座头，尽是红油桌凳。一带都是槛窗』。《金瓶梅》中描述陈经济把谢家大酒楼夺过来，凑了一千两银，重新把酒楼装修，『油漆彩画，阑干灼耀，栋宇光新，桌案鲜明，酒肴齐整。真是『启瓮三家醉，开樽十里香』。

應時美酒
醉仙樓
新
胡酒
酒家

冷酒闷气

清代小说《隋唐演义》中，描写一家新开的酒店，『门首堆积的熏烧下饭，喷鼻馨香』。进二门三间大厅，都是条桌交椅，满堂四景诗书吊屏。柱上一联对句：『槽滴珍珠，漏泄乾坤一团和气。杯浮琥珀，陶熔肺腑万种风情。』秦叔宝进入这家酒店喝酒，酒保见他衣衫破旧，把门扠住道：『才开生的酒店，不知趣乱往里走！』真是看人下菜碟的势利小人。叔宝拿出酒钱，才进得大厅。因觉穿得破旧，还是坐到琵琶栏杆外厢房摆设的条桌懒凳上。不想酒保仍看他不起，端来的是冷肉冻鱼，瓦钵瓷瓶内酒也不热。真是：将酒滴愁肠，愁重酒无力。正在气闷吃酒时，店主见门外进来两位衣着光鲜的客人，忙上前『拖椅拂桌，像安席的一般虚景』。并吩咐酒保：『开陈酒，烹炮精致肴馔，与二位爷用。』叔宝抬头看去，正有人端两盆热水侍候两位洗手。正是：店大欺穷客，只识孔方兄。

酒馆营生

《型世言》中，关于酒的描述有：周舍的父亲在桥头『开了一个大酒坊，做造上京三白、状元红、莲花白各色酒浆。桥是苏州第一洪，上京船只必由之路，生意且是兴』。后来其父病故，『店面生意不似先时，胡乱改做了辣酒店』。谁想婆媳不和，媳妇卖酒故意少给，使生意清冷。婆婆担心天热恐怕酒变质，叫她不要少给。她又故意『乱卖低银低价』，随意多给酒，日子过得真是一团糟。

清代小说《双凤奇缘》中，描写有个上了些年纪的人，『继承祖上传留卖酒为业，乡邻嘲他子孙惯兑白水，招牌上又写着泉酒出卖，所以送个号叫孙爱泉』。外国人饮酒，加冰块或苏打水。中国人吃酒，除春秋前后有酒中加水调薄厚的习俗外，仅见《金瓶梅》中描述的『拿出一坛夏提刑家送的菊花酒来。打开，碧靛清，喷鼻香，未曾筛，先搀一瓶凉水，以去其蓼辣之性』。可见，除特殊需要外，很少有饮者自己再往酒壶中兑水的。自然，奸商除外。

清代长篇侠义公案小说《三侠五义》中，描写了当时酒店日常营业情况，如韩二爷见『松林内酒幌儿，高悬一个小红葫芦……门前上悬一匾，写着「大夫居」三字。韩爷进了门前，见院中有两张高桌……设着矮座。』店家上前招呼：『无甚好酒，不过是白干烧酒。』韩二爷道：『且暖一壶来。』一会儿，又走进一位客人对店家说：『快暖一角酒来。』同时，买店中活鸡做熟下酒。正说着又有客进店嚷道：『咱弄一壶热热的。』却一溜歪斜坐在那边桌上，脚蹬板凳，瞪着眼，见酒家端上一盘熟鸡，正要放至别人桌上，便奔过抢鸡肉吃。韩二爷爱管些闲事，将抢吃者赶走，熟鸡却掉在地上。店家俯身拾起走入灶房间重新煮过，自己又暖了一角酒，正要拣便宜吃时，见韩二爷出现在面前，赶忙说：『小老儿没敢动，请客官吃吧！』

百年酒坊
白水
孫
記
乙
甲
丁
丙

买醉长安

清代著名传奇作品《长生殿》描写的是唐明皇与杨贵妃的故事。剧中郭子仪因杨国忠、安禄山恃宠弄权，自己安邦治国的愿望无法实现，只得长安买醉。郭子仪唱：『暂遣牢骚，聊宽逆旅……闹昏昏似醉汉难扶，那里有独醒行吟楚大夫。』酒保上场即念：『我家酒铺十分高，罚誓无赊挂酒标。只要有钱凭你饮，无钱滴水也难消。』又说：『俺这酒楼，在东、西两市中间，往来十分热闹。凡是京城内外，王孙公子，官员市户，军民百姓，没有一个不到俺楼上来吃三杯。也有吃寡酒的，吃案酒的，买酒去的，包酒来的，打发个不了。』郭上楼唱：『滴溜溜一片青帘风外舞，怎得个燕市酒人来共沽。』当看到杨国忠兄妹大造府第，安禄山遽封王爵时，不由得怒发冲冠、气夯胸膛，唱：『便教俺倾千盏，饮尽了百壶，怎把这重沉沉一个愁担儿消除。』酒保道：『别人来三杯和万事，这客官一气惹千愁。』寡酒指只饮酒不要菜。郭子仪（697—781年），陕西人。唐代名将，官至天德军使兼九原太守等。他参与平定安史之乱，肃宗赞之曰：『虽吾之家国，实由卿再造。』后虽屡遭污陷而被罢官，仍然饮酒自乐。

唐人笔记《明皇杂录》记载：安禄山攻占长安称帝，唐皇逃入蜀中。安禄山在凝碧池大宴伪臣，有乐工向西恸哭，被他在戏马殿肢解示众。《长生殿》依据史实进行艺术再现，当安在所谓太平宴受伪臣献酒时，乐工雷海青唱：『你窃神器上逆皇天……我掷琵琶，将贼臣碎首报开元。』剧中还据民间传闻写了《看袜》一场：王老太婆『在这马嵬坡下，开个冷酒铺度日……在梨树之下拾得杨娘娘遗下的锦袜一只。太平重见，仍旧开张酒铺在此。但远近人家都来铺中饮酒，兼求看袜，另交看袜钱，生意十分热闹』。

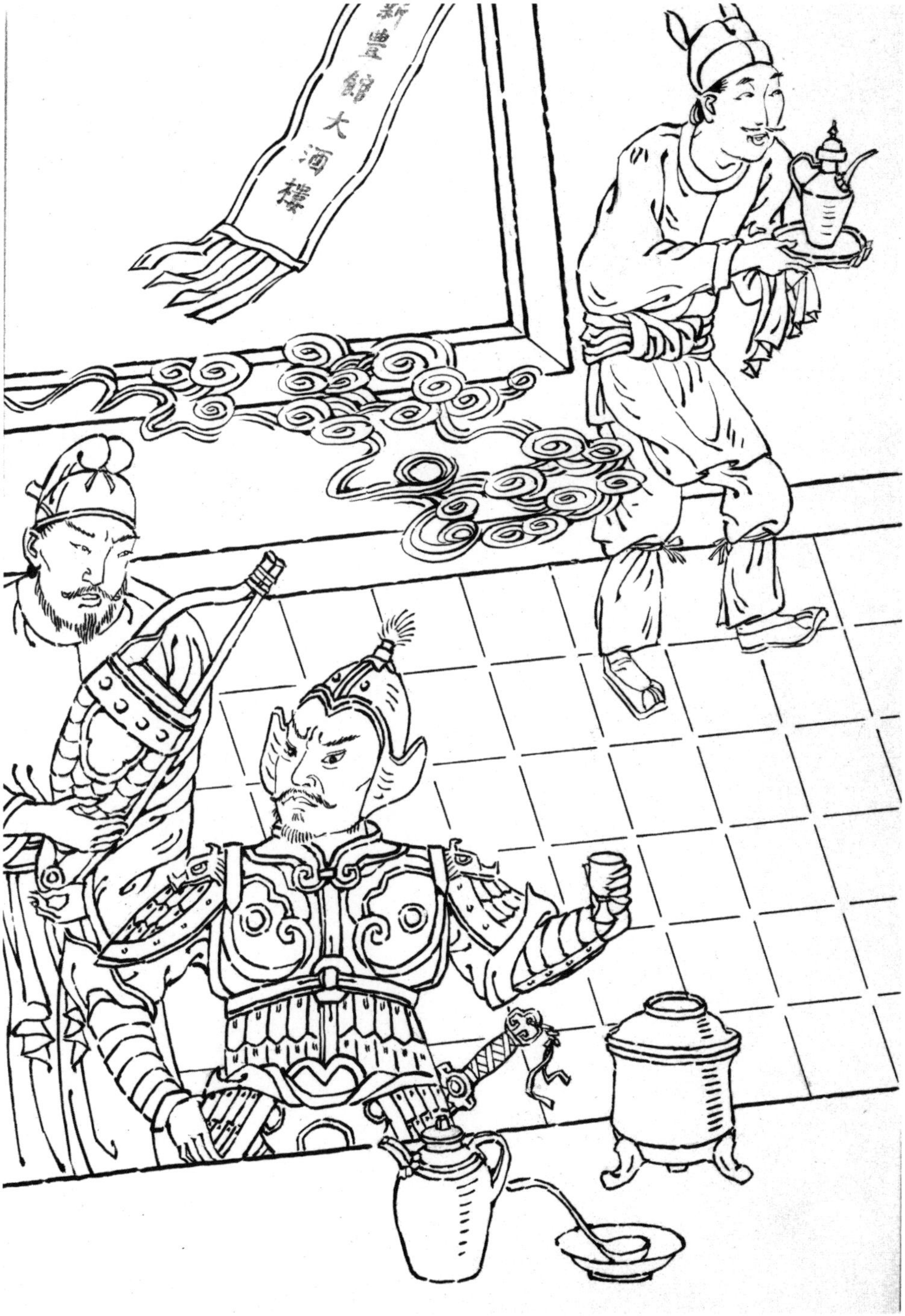
新豐館大酒樓

宫外觅酒

仅在龙椅上坐过12年的同治皇帝，在位期间一直受到西太后的严厉管束，极为郁闷。后被一心想让主子开心的贴身小太监教唆到宫外游玩。从此，同治皇帝常常溜出紫禁城，去茶馆酒肆闲逛找乐。

某日，两个政府高官上班时间离岗，到宣武门外春芜楼酒店里吃酒谈笑，忽然一眼见东壁厢一个漂亮少年坐着，身后站着一个小书童。再细看时，那少年不是别人，正是当今皇上，打扮做公子哥儿模样，自由自在地一手擎着酒杯在那里饮酒。皇帝也瞧见他们两人了，便向他们点头微笑。慌得两人酒也不敢喝，急急跑下楼去，到步军统领衙门点齐20名军卒，着便衣到酒店门外暗中保护皇帝的安全。

宣武门外大街为原金代中都城的一部分，明代改顺承门为宣武门。当年进京的人员经卢沟桥，走广安门，至宣武门，再到前门，交通便利。因而，各省在此修建会馆多达上百所，以解决本省来京人员的住宿问题。故各种酒店应时而设，是一处繁华所在，所以皇帝也会到此一游。

晚清四大谴责小说之一的《孽海花》中描写什刹海荷花荡畔一座酒楼：开着六扇玻璃窗，『摆着个湘妃竹的小桌儿，桌上罗列些瓜果蔬菜，茶具酒壶，破砚残笺……』。

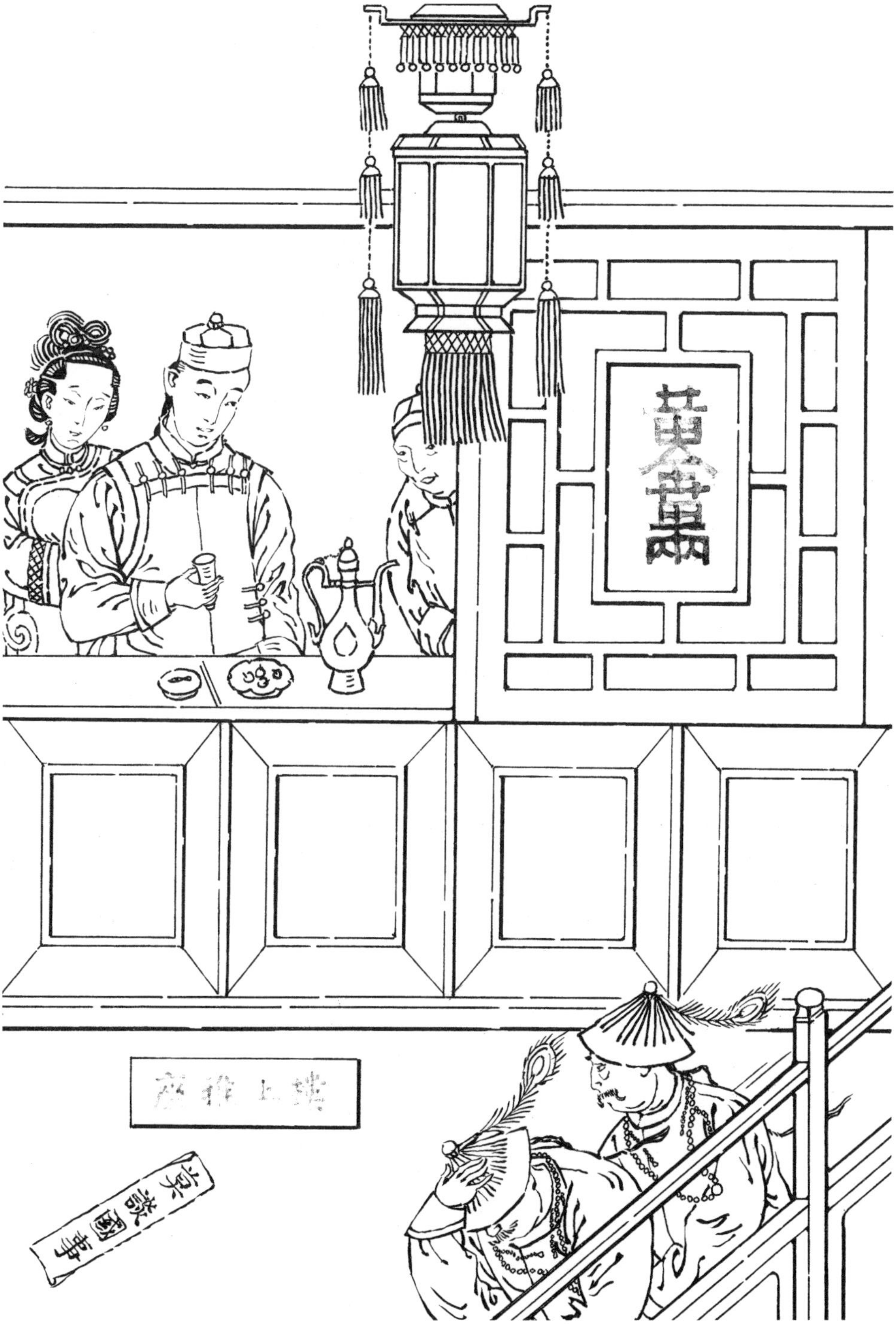
莫談國事

大酒缸店

在晚清及民国初年，北京有一种非常受中下层民众喜爱的酒馆，俗称『大酒缸』。据一些老北京风土人情回忆录中的有关资料记载，宣武门一带就有几家这样的大酒缸。其不同于别的酒店之处，是酒缸不放到酒窖里，而是直接放置在营业用房内。这些酒缸口径近2米，缸身多一半埋入地里，缸口上盖有红漆对拼厚木、大于缸沿的圆形盖子，可兼做酒桌的桌面。大缸内贮满美酒，客人随意散坐酒缸周围，似乎有喝不完的酒，无形中满足了自己的酒瘾。大酒缸店内柜台上，摆放着零售用的青花瓷酒坛，有用红布包裹的盖子。另有量酒用的大小不一的竹制酒提子。漏斗插在小瓷罐内，以收集点滴酒液。暖酒用具也摆放很整齐。空气中弥漫着大缸中散发的浓浓醇香，不知除了二手烟之外，有没有二手酒的说法？总之，在这种大酒缸的氛围中，进店的酒客定会未饮而半酣的。

大酒缸这种经营方式何时出现，大约已难考据。不过，可以从元末明初刊行、宋末元初便在民间流传的《水浒传》的第二十九回『武松醉打蒋门神』的故事中看到如下记述：酒店『里面一字摆着三只大酒缸，半截埋在地里，缸里面各有大半缸酒』。只是没有写明有没有当桌面用的木制大圆盖子。如果从武松将女老板及酒保扔进酒缸的情节来看，此时大酒缸似只有贮酒的功能，但确将酒缸埋半截于地下。

既不賒賬
和氣生財

酒楼识才

古代小说中，经常描写皇帝微服私访时，在茶楼酒肆遇到有才而穷酸的寒士，并给予提携的故事。

清代小说《绣球缘》中描写明神宗出宫查访兼散心，走到羊肉街，进了一家李家大酒楼，只见座无虚席，无处插脚。正欲退出时，有个青年从里间出来，把神宗让进书房，摆上酒肴。两人对酌闲谈。神宗见他神态恭谨、举止大方，不似一般酒保模样，便有考察之意，随口说了一个上联：『小危楼三杯两盏极好东西。』那青年张口即对：『大明国一统万方不分南北。』神宗又说：『天下之虫蚕第一。』这是个拆字联。那青年对：『凡间之鸟凤无双。』神宗对他大加夸赞。酒罢奉茶，神宗问起青年的身世，青年只说自己在此借宿，进京诉冤，并不详说。神宗留银一锭，但青年又退还给神宗的从人，两人珍重而别。

酒楼布控

在古代小说中，有的酒馆不仅待客沽酒，还起到秘密联络站的作用。如《水浒传》第十一回中，林冲夜奔梁山，在枕溪靠湖的一个酒店吃酒时，与店主朱贵结识。朱贵告诉他，山寨领导分派他以开酒店为名，『专一探听往来客商经过。但有财帛者，便去山寨报知』。由于林冲持有柴大官人的介绍信要上梁山入伙，朱贵还安排『分例酒』招待林冲。所谓分例酒，则是山寨拨出专用经费，招待入伙好汉的一顿工作餐。第二天，朱贵向对面芦荡射出一枝响箭，便有快船过来接林冲上了梁山。

又如西夏西平王元昊因有攻宋的打算，为了网罗宋朝前来要求政治避难的可用之人，特意开了一座大酒楼，派身边亲信到酒楼坐镇视察，主要是了解有无这样两种人：一为政治流亡者中有用的人，二是宋朝派来的特工人员。发现情况，及时汇报。

酒楼匿身

《水浒传》中，有关于劫法场的描述。石秀为救即将被斩首的卢俊义，来至酒楼二层临街窗前坐下。酒保上前招呼，石秀睁着大眼说：『大碗酒大块肉，只顾卖来，问甚么鸟！』酒保吃了一惊，不敢多问，连忙打两角酒、切一大盘肉送上。石秀向窗外看时，只见家家闭户，铺铺关门。酒保上楼道：『客官醉也？楼下出公事，快算了酒钱，别处去回避！』石秀道：『我怕甚么鸟，你快走下去，莫要讨老爷打！』此时，卢俊义被押至十字路口临时法场，在酒楼前跪下。只听有人喊：『午时三刻到了！』刽子手法刀在手，当案孔目高声读罢犯由牌，众人齐和一声时，楼上石秀持腰刀跳将下来，拖起卢俊义，杀翻十数兵丁，夺路而去。然而，劫法场实非易事。石秀过于莽撞，行动前没有周密计划，孤身一人并无后援接应，加上卢俊义刑伤未愈，行动困难，如何能逃出官兵重围，结果被抓入狱。

明清小说中，也常常有绿林英雄劫法场的故事情节，而所选择的潜伏地点，往往都是离刑场最近的大酒楼二层窗前。如《五美缘全传》中描写一位准备从法场救出蒙冤人的好汉，走至法场旁的一座酒楼，酒保过来劝道：『因我店紧邻法场，不便卖酒，请至别家吧！』好汉道：『多与你酒钱，因赶路我吃了便走。』酒保一再叮嘱：『客官到楼上，千万不可开窗向外看，怕官府发现要责罚我们的！』好汉装作不经意地说：『他杀他的人，俺吃俺的酒，看他作甚。』边说边上楼，选个靠窗近的座位，取出银子赏给酒保当小费。又说：『待酒菜上桌，你便楼下自行休息，不必楼上侍候。』吃饱喝足，好汉将长大外衣脱去，周身收拾利落，朴刀别在腰间，从窗眼向法场观看。不一会儿，午时三刻大炮一响，刽子手提刀准备行刑，只听得好汉大叫一声，从楼上跳将下来，奔至法场。

酒
令

酒旗风影

为了标明店铺经营范围以招揽生意，酒店都要挂酒幌，或称酒帘、酒旗等。店主对招财的幌子非常看重，凡开张或节后开市都要举行祭祀仪式。每天学徒在打烊后摘下幌子时不能说『摘幌子』，而要说『请幌子』，更不许在摘挂时将幌子丢落于地，否则会被认为是不吉利的。古典小说对酒旗常有描述，如《水浒传》中写『武松望见前面一个酒店，挑着一面招旗在门前，上头写着五个字，道：三碗不过冈』。又有『大酒店檐前立着望竿，上面挂着一个酒望子，写着四个大字，道：河阳风月』。还有的酒店『竖着一根望竿，悬挂着一个青布酒旆子，上写道：浔阳江正库』。据资料记载：北宋较小酒家挂『草葫芦、银马杓、银大碗，亦有挂银裹直卖牌的』。元代小酒店门前挂一把禾杆当酒招。元散曲中有『茅店小斜挑草稕』之句。清代小说中写有人乘船向岸边望去，见一家酒店酒帘高悬，上书『惠泉』二字，便请船家上岸沽酒。民国时期，城外村镇路旁的小酒馆，门前多挂一个红漆葫芦，上插红布三角小旗，十分醒目。

酒旗上所书文字多少不限。有一个故事说：一位举人为帮开酒馆的老太婆招揽生意，特在新制酒旗上写了两句诗。某日，一位路过此地的太守看到这面酒旗后十分得意，给了老太婆钱五千，沽了一斛酒。原来酒旗上写的诗句是：『下临广陌三条阔，斜倚危楼百尺高。』便是太守咏酒旗的诗句。酒旗除标明酒家身份外，据史料载：『至午未间，家家无酒，拽下望子。』表明暂停营业。宋徽宗拟『竹锁桥边卖酒家』为试题考验画家，获得最高分数的画家正是着眼酒旗进行艺术构思的。在历代诗词中，文人写到酒旗的句子极多，无法摘全，如『红板江桥青酒旗』『杏花村馆酒旗风』『酒旗风影落春流』『背西风酒旗斜矗』『酒旗招摇西北指』等。

酒
應時美酒
王家酒店

涉酒成语

在日常生活中，人们谈话、作文经常会引用成语典故，以便言简意赅地表达自己的看法。

成语『画蛇添足』出自《战国策·齐策》。有位楚人准备将祭祀结束后余下的一卮酒送给门客们饮用，但只够一人的量，便说：『谁先画完一条蛇，便可饮此酒。』随后，先画完者起身持酒在手，见旁人尚未画完，又在蛇身上添画了几只脚。此时第二位画完者夺过酒杯将酒喝了。成语『杯弓蛇影』出自《晋书·乐广传》。某日，乐广见友人面带病态，问其病因。友人说：『那天在您府中饮酒，见杯中有小蛇晃动，饮后便生起病来。』又一日，乐广再请这位友人到家中同一地方坐饮。乐广问：『你杯中是否有蛇？』那人一看，杯中果有蛇动。乐广指着墙上挂着的刻有蛇纹的牛角弓说：『其实杯中之蛇是这张弓的影像啊！』成语『糟糠之妻』出自《后汉书·宋弘传》。宋弘是位仁德君子，光武帝想将新寡的姐姐改嫁给他，探得姐姐亦有此意，就召宋弘说：『谚言贵易交，富易妻。人情乎？』宋弘明白天子用意，说：『糟糠之妻不下堂。』糟糠原指酒糟，此处表示患难与共的妻子是不可抛弃的。成语『饮鸩止渴』出自《后汉书·霍谞传》。『譬犹疗饥于附子，止渴于鸩毒，未入肠胃，已绝咽喉』。鸩是传说中一种有毒的鸟，用它的羽毛泡的酒，喝了能毒死人。此外还有许多与酒有关的成语，于此不再一一叙述。

珍重酒香

义犬救主

三国时期，有个叫李信纯的人，因饮酒大醉，倒卧于草丛中酣睡不起。不料四周野火突然燃起，渐渐向他包拢过来。性命攸关之际，他豢养的宠物狗急急跳入水沟中，将浑身沾湿，然后爬到主人身旁将水抖落草丛中。如此反复多次，终于防止了大火蔓延至主人身上，拯救了醉酒人的生命，但自己却累死了。当地太守听到这件事特意为这只义犬立冢纪念。

若说起与动物有关的饮酒故事，在《南史·谢几卿传》中还有一则。谢几卿『尝预乐游苑宴，不得醉而还。因诣道边酒垆，停车褰幔，与车前三驺对饮。时观者如堵，几卿处之自若』。谢几卿因为在筵席上没有喝爽，便又跑到路边小酒店沽酒，与拉车的牲口为伴，再小酌一阵。由于丢开做客时的虚礼，倒显得更加自在。

旗亭画壁

中国古代高士名流若聚首小酌，总会有一些有趣的故事传之后世。

话说盛唐三位大诗人：王之涣（688—742年），太原人，官至文安县尉，诗以描写边塞风光著称；王昌龄（698—757年），原籍不详。进士出身，官至江宁丞，后被贬官还乡，为刺史所杀，擅长七绝，格调高昂；高适（704—765年），河北人，官至散骑常侍，以边塞诗见长。三位职场失意，但颇有声望，很多诗作为人们争相传唱。他们虽两袖清风，碰到一起又想喝三杯两盏。于是，三人相约到酒楼吃酒避寒。不过因赊账底气不大足，就避之一隅低声闲话，而让正位给十几名前来会饮的梨园伶官。不久，又上来数位漂亮的歌伎。王昌龄小声说：『今天要通过统计我们的诗被她们吟唱的多少，来评出名次高低。』于是三人停杯静听。前三位歌伎唱罢，王昌龄在墙上给自己画两票，高适画一票，两人得意起来。王之涣不屑地说：『这三人所唱都是下里巴人。』又指着诸伎中最为吸人眼球、最漂亮的双鬟歌伎说：『待此子所唱，如非我诗，吾即终身不敢与诸君争衡矣！』不一会儿，那女歌手所唱果然是王之涣的《凉州词》（黄河远上白云间）。王之涣对眼前的两位好友说：『田舍奴，我没瞎说吧！』三人笑声豪爽，不少饮酒的梨园名伶过来问：『不知诸郎君，何此欢噱？』王昌龄把刚才情况介绍了一遍，名伶们个个变成追星族，说：『俗眼不识神仙，乞降清重，俯就筵席。』三人被拥至大桌酒席前端坐，竟日畅饮。估计刚才那点酒钱，也会有人代付的。以上便是『旗亭画壁』故事的由来。

春人飲春酒
春鳥哢春聲
王之煥
高適 一
王昌齡 丁

《汉书》下酒

北宋有位才子苏舜钦（字子美），年轻气盛，酒量亦十分可观。他有一次借宿岳父杜老先生家中，每夜说是要灯下观书，却奇怪地要求一定要备足一斗酒，而且每夜都将酒喝得点滴不剩。这种行为引起了杜老先生的好奇之心，于是派人深夜于书房之外悄悄窥探调查。家人所见的情景是苏舜钦在灯下读《汉书·张良传》。只见他念到刺客狙击秦始皇而未果时，叹气不止，连声说道：『惜乎，击之不中！』神情激动地端起书桌上已斟满酒的大杯子，一仰脖灌了进去，又继续往下读。当他念到张良对刘邦说『天以臣授陛下』时，万分感慨，自言自语赞道：『君臣相遇，其难如此！』又站起来，倒满大杯酒一饮而尽。如此边读书边饮酒，直至酒尽，方放下书本而眠。杜老先生听了详细汇报之后，得知女婿就酒夜读，大笑着说：『有如此下酒之物，一斗诚不为多也。』这个故事被后世称为『《汉书》下酒』。明代有位文士曾说：『苏子美读《汉书》，以此下酒，百斗不足多。予读《南唐书》，一斗便醉。』苏舜钦后来在朝为官，因年轻气盛触怒了一帮小人，做具体事务又欠周全。有一次，他为了解决一次单位例行酒会经费不足的问题，同意将自己管理的进奏院内积存的一些各地呈送奏折的外包装纸卖给废品收购站，换了些钱。此事有可能没与上级长官沟通好，被人抓住把柄，诬告他『监主自盗』，苏舜钦于是被罢官治罪。真个是：『愁肠已断无由醉，酒未到，先成泪。』

肉林酒海

明代小说《封神演义》中讲狐精变的美女妲己，向纣王提出一份土木工程设计方案。在害人性命的蛇蝎坑左边掘一池，池中以糟丘为山，用树枝插满，把肉切成薄片，挂在树枝上，名曰『肉林』。右边挖一沼，将酒灌满，名曰『酒海』。方案得到昏君赞赏，命人依法建造。造成之后，纣王设宴，与妲己玩乐于肉林酒海。妲己又让纣王命宫人与宦官扑跌，得胜者池中饮酒，不胜者打死埋入糟丘之中，并名之曰『醉乐』。纣王的哥哥微子见弟弟闹得实在不像话，便转请太师箕子、少师比干去对纣王进行劝诫，警告他道德败坏、荒淫无度会使『小民方兴，相为敌仇』。果然，周武王起兵伐纣，《尚书·泰誓》中有其列举的纣王罪状，其中有『淫酗肆虐』一条。姜太公所列纣王罪状中亦有『自用酒池、酗酒肆乐』一条。失道寡助，纣王七十万大军却败于周武王的五万正义之师。最后，纣王见大势已去，在肉林酒海旁的摘星楼自焚而死，结束了罪恶的一生。

酒为诗胆

《唐诗三百首》是清代蘅塘退士孙洙所编，『专就唐诗中脍炙人口之作，择其尤要者』辑录，推动了唐诗普及工作。其中有关饮酒的诗句有『醉别江楼桔柚香』『今日送君须尽醉』『下马饮君酒』『劝君更尽一杯酒，西出阳关无故人』『葡萄美酒夜光杯……醉卧沙场君莫笑……』等。夜光杯，相传为周穆王时西域进献的半透明白玉酒杯，犹如『光明夜照』，故名。杜甫诗『杜酒偏劳动……归醉每无愁』，意为秫酒为杜康首创，是我杜姓本家的酒，现在却劳你劝我喝。此外还有『朱门酒肉臭』『酒债寻常行处有』『重阳独酌杯中酒』『夜醉长沙酒』『斗酒相逢须醉倒』『老人七十仍沽酒，千壶百瓮花门口。道傍榆荚仍似钱，摘来沽酒君肯否』等诗句。元稹在一首悼念亡妻的诗中写道：『怪来醒后旁人泣，醉里时时错问君！』意为客人之所以哭泣，是因作者在醉酒梦寐中时时唤亡妻的名字，客人被其恩爱情景所感动。酒诗中有情绪欢乐者，如『清歌一曲倒金壶』『东门酤酒饮我曹，心轻万事如鸿毛。醉卧不知白日暮，有时空望孤云高』『何当载酒来，共醉重阳节』『樽酒家贫只旧醅。肯与邻翁相对饮，隔篱呼取尽余杯』『白日放歌须纵酒，青春作伴好还乡』等。也有愁苦的，如『艰难苦恨繁霜鬓，潦倒新停浊酒杯』，此句写因病禁酒，无物以排遣忧愁。再如『酒徒历历坐洲岛……酌饮四座以散愁』，此诗题为《石鱼湖上醉歌》，其序中云：『漫叟以公田米酿酒，因休暇则载酒于湖上，时取一醉。』还有『泥他沽酒拔金钗』，此句指妻子卖首饰为夫换酒喝，是作者为悼念亡妻而作。

醉填词牌

宋太祖曾讥讽南唐后主李煜：『若以作诗工夫治国事，岂为吾虏！』李煜（937—978年），南唐最后一位皇帝，世称李后主。南唐为宋所灭，被太宗赐酒毒死。其文艺才能及词作水平很高。其词中常有与酒有关之句，如《一斛珠》词云：『杯深旋被香醪涴。』描写宫内美人衣袖被香酒所污。『醉拍栏干情味切』『胭脂泪，留人醉，几时重』等词则是沦为阶下囚时所作。宋代关于饮酒的词作还有『满斟绿醑留君住，莫匆匆归去』，绿醑指色绿味美之酒。以及『寻芳载酒，肯落他人后』『浊酒一杯家万里』『酒入愁肠，化作相思泪』『休歌金缕劝金卮，酒病煞如昨』『正春浓酒困，人闲昼永无聊赖』『水调数声持酒听，午醉醒来愁未醒』『醉醺醺、尚寻芳酒……杏花深处，那里人家有』『笙歌散后酒初醒』『今宵酒醒何处？杨柳岸、晓风残月』『背西风，酒旗斜矗』『旗亭唤酒，付与高阳俦侣』『吾何恨，有渔翁共醉』『东篱把酒黄昏后』『正好黄金换酒』『且将樽酒慰飘零』『一片春愁待酒浇』『拟把疏狂图一醉，对酒当歌、强乐还无味』『醉别西楼醒不记……衣上酒痕诗里字……总是凄凉意』『彩袖殷勤捧玉钟，当年拼却醉颜红』『终日清狂。有竹间风，尊中酒，水边床』『醉里妖娆，醒时风韵』『梦回酒醒春愁怯』『情知闷来殢酒，奈回肠、不醉只添愁』。『醉里吴音相媚好，白发谁家翁媪』，此句出自辛弃疾词，描写农家老夫妻醉酒后谈心逗乐。还有『几度酒余重省，旧愁多少』『醉中不信有啼鹃，江南二十年』，啼鹃指离别之悲苦。又有『客来何有，草草三杯酒。一醉万缘空，莫贪伊、金印如斗』『新酒美，醉来独枕莎衣睡』『醉里秋波……都是醒时烦恼』等。

浅酌吟曲

元曲中关于饮酒的内容有『闷酒将来刚刚咽，欲饮先浇奠』。将来为端起之意；浇奠即以酒洒地，以示祭奠。『三月景，宜醉不宜醒』『瘿杯，玉醅，梦冷芦花被……且向西湖醉』，瘿杯即瘿子木制的酒杯；玉醅指美酒，醅是未过滤的酒。『长醉后方何碍，不醉时有甚思？糟腌两个功名字，醅淹千古兴亡事。曲埋万丈虹霓志』，还有『醉李白名千载，富陶朱能几家，贫不了诗酒生涯』。陶朱即越国大夫范蠡，他功成名就后经商致富。『低茅舍，卖酒家，客来旋把朱帘挂』，朱帘挂指把红色门帘掀起。『先生醉也，童子扶着。有诗便写，无酒重赊』『对芳樽浅酌低歌』『瓦盆边浊酒生涯，醉里乾坤大』『旧酒投，新醅泼，老瓦盆边笑呵呵』。投意为再造，泼指过滤。还有『邀邻翁为伴，使家童过盏，直吃的老瓦盆干』『昨宵中酒懒扶头……害酒愁花人问羞。病根由，一半儿因花一半儿酒』『携鱼换酒……酒热扶头……太湖水光摇酒瓯』『花月酒家楼……欠前生酒病花愁』『酒杯倾天地忘怀。醉眼睁开』等。又有『酒醒寒惊梦』句，典出隋朝一位文士，晚遇素妆美女约至酒店，醒后发现睡在白梅树下。『这家村醪尽，那家醅瓮开。卖了肩头一担柴，哈！酒钱怀内揣。葫芦在，大家提去来』，哈是招呼、吆喝的语气词，表现樵夫自食其力、豪爽招饮的艺术形象。还有『酒葫芦，醉模糊，也有安排我处』『泪如珠。樽前无计留君住』『薄酒初醒，好梦难成，斜月为谁明』『载酒送君行，折柳系离情』『问人间谁是英雄？有酾酒临江，横槊曹公』等，无法备举。

大行散樂在此作場

清言话酒

明清时期格言式的小品文很是流行，后世以『清言』称之。明代屠隆（1542—1605年），有异才，可同时快速作两篇不同题目的百韵赋。其《娑罗馆清言》中有『问妇索酿，瓮有新刍』之句。刍指竹编的漉酒用具，新刍指新滤之酒。还有『酒可怡情，嫌渊明之酷嗜』『若酒而猖狂骂座，安取怡情』等语。明代陈继儒（1558—1639年）所作《岩栖幽事》中，以『新香』指黏性大的高粱所制之酒。明人吴从先所作《小窗自纪》中说『读史不可无酒』『至于饮，则今人大非夙昔，不解酒趣』『左手持螯，右手持酒，一幅毕吏部画图』，指晋人手中有酒及钳蟹螯便可一生满足。又有『清同王晋卿之碧香，十斛酴醾输味』，指两种酒名。又说『余唯寻欢伯之知己，聚红友之仙班，一石亦醉，千斗不多……所谓「忽逢小饮报花开」，斯韵绝也』『诗酒之间，自有禅趣。不敢学苦行头陀，以作死灰槁木』『李太白酒圣，蔡文姬书仙，置之一时，绝妙佳偶』。『白乐天善三友』，三友指诗、琴、酒也。『贵于若下之酒』指浙江所产著名『若下酒』，溪水之北曰下若，村民取此处水酿酒，十分醇美，故名。又说：『白乐天云：「量大厌甜酒，高才笑小诗。」盖有谓也。』清代张潮（1650年—？）所作《幽梦影》中说：『能诗者必好酒，而好酒者未必尽属能诗。』旁批曰：『有美酒便有佳诗，诗亦乞灵于酒。』又曰：『上元须酌豪友，端午须酌丽友，七夕须酌韵友，中秋须酌淡友、重九须酌逸友。』朱锡绶，清道光二十六年（1846年）举人。所作《幽梦续影》中有『真嗜酒者气雄』『忧时勿纵酒』句。旁批曰：『酒从水，言易溺也；从酉，属金，亦是兵象。可见酒害凶险之性。』

舞台演饮

在戏剧舞台上，常以酒来表现故事情节、塑造人物性格，乃至编排表演身段。记得小时候在北京长安大戏院看梅兰芳的《贵妃醉酒》、李万春的《武松打店》等戏时，有很多不解之处。如为什么皇帝只有木头酒杯酒壶，还说是酒宴摆下？为什么古人喝酒要用袖子挡住嘴？为什么古人喝酒没有菜？后来逐渐明白，这是程式化的舞台表演手法，是艺术高于生活之处。

各剧种中与酒有关的剧目繁多，像《闹天宫》中悟空偷酒，又如由《水浒传》改编的《林冲夜奔》《十字坡》《醉打山门》《李逵负荆》等，由《三国演义》改编的《单刀会》《群英会》《捉放曹》，还有《铡美案》《白蛇传》等，不胜枚举。

以元杂剧《李逵负荆》为例，剧中的李逵嫉恶如仇又冒失莽撞，以为宋江、鲁智深抢占民女，引发误会，手执板斧大闹聚义堂。戏中鲁智深云：『你看这厮，到山下去噇了多少酒，醉的来似踹不杀的老鼠一般。』宋江云：『你这铁牛，有甚么事也不查个明白。』李逵道，『（老王林女儿被抢后，他）便闷沉沉在那酒瓮边，拿起瓢来，揭开蒲墩，舀一瓢冷酒来，汩汩的咽了』。元杂剧《单刀会》表现东吴鲁肃为讨回荆州，以请蜀国关羽赴宴为名，准备挟制关羽。不料关羽深入虎穴，以机智与武力保住了地盘。鲁肃迎接关羽时唱道：『江下小会，酒非洞里之长春……猥劳君侯屈高就下。』关羽道：『将酒来，尽心儿待醉一夜。』

醉打山门

苏三酒祸

明人冯梦龙所编短篇小说集《情史》中三堂会审玉堂春的故事人所共知，京剧唱段『苏三离了洪洞县』可称得上家喻户晓。故事说的是有一位『高富帅』王公子，结识烟花女苏氏。苏氏艺名『玉堂春』，王公子为她花尽全部积蓄，流浪街头，寄身寺庙。玉堂春找到他后让公子去到自己住所，将多年积攒的财物瞒着鸨母交公子带走使用。事发后，玉堂春几乎被打死，头发被剪，罚为厨房佣人。后来，有位商人将玉堂春赎出娶为二房，带回私宅。不料商人老婆皮氏不是个省油的灯，竟然酒中下毒，企图害死年轻貌美的玉堂春。真是无巧不成书，毒酒倒被商人代饮，商人因此一命呜呼。与皮氏有染的邻居是个监生，『阴为左右』，帮助皮氏打官司，无助的玉堂春被押入死囚牢。

再说王公子回至家中，被身为显宦的父亲一通怒斥，苦读诗书，走科举仕宦之路。后来他『登甲科，后擢御史』，被派调查罪犯结案情况。当他查知玉堂春蒙冤后，将皮氏、监生及同案邻人老太婆一并在堂下大木柜旁用刑，并事先让手下一人藏于木柜之中。当众官吏离去后，老太婆对另外两人诉苦道：『你们杀人，累我受刑。我只得监生五金、两匹布，真是倒霉死了！』二人一再劝说：『再忍一下，我们如能开脱，再重谢！』就这样，藏于柜中的官府之人掌握了证据，为玉堂春昭雪了冤情。后世有人将此故事改编为小说《金钏记》。

酒之雅号

古代名流高士对于所喜爱的事物，往往另起别称雅号而不直呼其名，于酒自然也不例外。如色清，味重略甜者称之为圣人；金色，味醇微苦者称之为贤人；色黑且酸醨者称之为愚人；色白，家醪糯觞醉人者称之为君子；家醪黍觞醉人者称之为中人；以巷醪灰觞者称之为小人。把好酒称之为『青州从事』，是为借青州齐郡的『齐』与『脐』音同，好酒饮入口而沉至脐。劣酒称之为『平原督邮』，是为借平原鬲县的『鬲』与『膈』音同，劣酒饮入口而浮于膈膜以上。酒又称『曲秀才』，典故出自唐代神话故事：酒友们相聚无酒，这时有人敲门，自称『曲秀才』，后化为酒瓶供客一醉。曲秀才的『曲』与造酒之『麯』同音同义，因而借以为名。酒又称『欢伯』，典出汉《易林·坎之兑》：『酒为欢伯，除忧来乐。』还有称作『般若汤』者，为佛教徒的隐语，典出《释氏会要》：外来云游的和尚见自己的酒瓶被挂单寺主打碎，便解释说，喝酒的目的是在诵《般若经》时声调更洪亮。又把酒称为『杜康』，曹操有诗曰：『何以解忧？唯有杜康。』传说我国造酒始祖为杜康，因以之代酒名。关于把好酒、清酒用『圣人』代称亦有故事。有位汉代大臣因贪杯，未能在上级召见时到达办公处。次日，上级问其原由，他糊弄领导说：『昨日与圣人会见，没有时间向您请示。』他的上级搞不清圣人指谁，也没再追问。故唐人有『乐圣且衔杯』之句。此外，酒还有醍醐、黄封、香蚁、酒兵、琼浆等别称。

由于酒有别名，文人引入诗作中也更显别致。如李白的『醉月频中圣』，苏轼的『岂意青州六从事，化为乌有一先生』，清人的『旅馆难忘曲秀才』等。此外，人们还将同时代、同领域功成名就的嗜酒名流组合为竹林七贤、兖州八伯、酒中八仙、竹林六逸等。

岂意青州六从事，
化为乌有一先生。

抚琴赐酒

话说卫灵公到晋国进行国事访问，深夜在驿舍中听到别人听不到的幽幽琴声。由于卫灵公素好音乐，此次出访陪同人员中，有一名善制新曲的琴师师涓。在晋平公举办的国宴上，酒酣之际，晋平公请卫灵公的琴师演奏助兴。当师涓用晋平公命人取来的古桐之琴，弹奏昨夜卫灵公听到、自己刚学会的琴曲时，却被晋国琴师师旷阻止，说：『此乃亡国之音，不应弹奏。』晋平公希望师旷弹几首有代表性的古琴曲欣赏一下，师旷却毫无顾忌地说：『您是个德薄之君，不配听这些为德义之君所作的琴曲。』可能师旷平日就是用这种口气对君主讲话，而晋平公大概也听惯了，所以非但没有动怒，反而再三请师旷弹曲。师旷只得整理服装，危坐抚琴一曲，那优扬的旋律竟引来八只玄鹤从天际飞来，在殿外舒翼而舞。在座宾主无不兴奋地鼓起掌来。晋平公觉得在国宾面前极有面子，命内侍取白玉卮，满斟醇酿，亲赐师旷。晋国这位高傲的琴师也很满意自己的演奏，接过美酒，一饮而尽。

琴鸣酒乐

在中国传统文化中，琴与酒常被组合到一起，文人们对酒抚琴更显得气定神闲。唐诗有『爱琴爱酒爱诗客』『琴匣拂开后，酒瓶添满时』『自古有琴酒……只因康与籍』『半酣下衫袖，拂拭龙唇琴。一杯弹一曲，不觉夕阳沉』『我醉欲眠卿且去，明朝有意抱琴来』『伴老琴长在，迎春酒不空』『酒瓮琴书伴病身』『君有数斗酒，我有三尺琴。琴鸣酒乐两相得』『法酒调神气，清琴入性灵』『静拂琴床第，香开酒库门』『不引窗下琴，即举池上酌』等诗句。白居易说：『无琴酒不能娱也。』当他弹着崔某所赠玉磬琴，品饮着按陈某酒方酿的酒，演奏姜某《秋思》琴曲，直至『酒酣琴罢』时，『乐天陶然已醉』。正是：『主人有酒欢今夕，请奏鸣琴广陵客。』宋词有：『有人共、月对尊罍。横一琴，甚处不逍遥自在。』名士们终日『琴罢辄举酒，酒罢辄吟诗』。此时，酒不再是一杯普通饮品，它与诗情、花香、琴声融为一体，构成古代文士对生命的感悟、对世事的解读。

横琴助酒

对于古人来说，琴声是佐酒助兴的佳品。在清代小说《梅兰佳话》中，四名公子与妓女桂姑娘在厅内饮酒行令，未觉尽兴，又移席太湖石畔海棠花下。众人相继赋诗以助酒兴。但桂姑娘诗中蕴含悲凉苦涩之情思，引得众人都有些伤感。见此情景，桂姑娘为了活跃气氛，便说：『妾有素琴一张，聊献粗技，为君等抚之。』随后，『焚宝鸭香，正襟危坐，横琴而抚』。曲罢，在幽幽余音之中，众人共举酒杯畅饮。宋人作《好事近》词，其序曰：『太平州小妓杨姝弹琴送酒。』词中有云：『自恨老来憎酒，负十分金叶。』另有宋词云：『人道愁来须殢酒，无奈愁深酒浅。但寄兴、焦琴纨扇。莫鼓琵琶江上曲。』焦琴即焦尾琴。元曲有『沽村酒三杯醉，理瑶琴数曲弹』『黄四娘沽酒当垆，一片青旗，一曲骊珠……问三生醉梦何如』等句，骊珠指动听的歌声。

携酒看花

对花饮酒，是古代文人的雅趣，传世诗词中多有表现。

如唐诗中有『香曲亲看造，芳丛手自栽。迎春报酒熟，垂老看花开』『早起或因携酒出，晚归多是看花回』『家酝一壶白玉液，野花数把黄金英』『闻道郡斋还有酒，花前月下对何人』『游山弄水携诗卷，看月寻花把酒杯』等句。

宋词中有『何况酒醒梦断，花谢月朦胧』『好花如故人，一笑杯自空』『欲买桂花同载酒，终不似，少年游』『严风催酒醒，微雨替梅愁』『诗万首，酒千觞。几曾著眼看侯王』『花无人戴，酒无人劝，醉也无人管』『岁岁东风岁岁花。拚一笑，且醒来杯酒』等句。最为有情趣的是苏轼知颍州时，某晚，月光照着盛开的梅花，十分动人。夫人说：『春月色胜如秋月色，秋月令人伤感，春月令人欢悦。为什么不把诗友、酒友找来共饮于梅花之下呢！』苏轼喜道：『谁说夫人不能诗，这真是诗家之语也。』

酒浓花香

元曲中有『花中消遣，酒内忘忧……伴的是金钗客、歌金缕、捧金樽、满泛金瓯……饮的是东京酒，赏的是洛阳花』『带野花、携村酒，烦恼如何到心头』『蹇驴酒壶，风雪梅花路』『雪意商量酒价……准备骑驴探梅花』『煮酒烧红叶……道东篱醉了也』『兴为催租败，欢因送酒来。酒酣时诗兴依然在，黄花又开』等句。

明代小说《玉娇梨》中有对观菊把酒、展纸赋诗等恬静清闲的生活场景的描述。书中有位白公，官至太常寺正卿，但内心对官场腐败十分不满，却又无可奈何。公事一结束，他便急急回至家中，吃小酒作短诗，颇有『躲进小楼成一统，管他冬夏与春秋』之意。某日，『门人送来十二盆菊花，摆在书房阶下。也有鸡冠紫，也有醉杨妃，也有银鹤翎，盆盆俱是细种，深香疏态，散影满帘』。白公十分喜爱，每日仔细观察菊花生长变化，小酒也越品越有味。时有两位知己诗友造访，三人在堂上见礼之后，白公便邀两位客人赏菊排酒。同饮数杯后，有位客人赞道：『花秀而不艳，美而不妖，虽红黄紫白，却有几分疏野潇洒之气。』主客三人不觉诗兴大发，取过笔砚，即席挥毫。

清代小说《五色石》中描写主客在书房共饮：只见梅花书屋前后遍植梅花，清幽可爱。二人揖逊而坐，举觞共饮赏梅。此时清风吹落花瓣轻飘室内，主人说：『不知面对落花，高才肯赐教一律否？』于是客人领诺，即题一律。

晚清小说《恨海情变》中，描写兄弟二人见一座花园里，楼角飘出一面酒帘，便登楼对酒赏花。挑了靠栏杆的座位，酒保送上酒肴，二人向园中望去，万绿丛生，栏杆两旁还摆有酒金杜鹃，桌上供的一盆细叶石榴，花开火红。在醇酒香花之间谈笑风生，真乃骚人韵事。

酒

载酒泛舟

话说在三国时期，吴国有位博学而特立独行的文士，一生最大的愿望既不是于朝堂居高位，也不是著述等身。竟是稳坐一条载有五百斛美酒的乌蓬船内，每日豪饮不止，酒却永不见少。而且连去世后饮酒的问题，都对家属做了交待。他叮嘱家人将其葬在制酒具的陶器作坊旁，以便自己尸骨化为泥土，被掺入陶泥中做成酒具，天天都可过足酒瘾。这真是酒徒的奇思妙想啊！

泛舟畅饮是十分惬意的。唐代洛阳的一位官长，曾邀请白居易等15位名士，乘大船进行水上漂流一日游，船内『左笔砚而右壶觞』『闹于杨子渡，踢破魏王堤』『夜归何用烛，新月凤楼西』。白居易在私宅宽阔的池塘中，也举行过一次别开生面的水上沙龙。客人聚齐时已近正午，白居易宣布开宴时，全不见仆人上岸取菜肴，却陆续端来热酒、炙肉等，布满酒席。客人好奇出舱查看，只见上百个油囊挂在船的两侧，『悬酒炙，沉水中，随船而行。一物尽，则左右又进之，藏盘筵于水底也』。但古人在寒冷的湖水之中，究竟是如何将食物加热并保温的呢？这实在令人费解。

舟酒行游的诗句并非都是轻快的。有些读来使人心碎，如：『烟笼寒水月笼沙，夜泊秦淮近酒家。商女不知亡国恨，隔江犹唱后庭花。』又如：『主人下马客在船，举酒欲饮无管弦。醉不成欢惨将别，别时茫茫江浸月。』

曲江醉游

从周代直至清代有一种由政府官员牵头主办宴饮的酒文化礼制，称之为『乡饮酒』。这种活动是区域内知识界、经济界人士的联谊。尤其是对乡贡赶考前的举子、乡试中举者与主考人员，地方长官都为其举办乡饮酒活动。

唐代的『曲江宴』，最早是为落榜举子举办的带有安慰性质的宴饮，后变为以庆贺新选进士为主题的宴会。唐代曲江宴的传统持续了170年之久。曲江宴的规模很大，举办地点在今西安市郊曲江村，该地是历代皇家园林所在，风景甚美。曲江宴活动内容丰富，有新选进士拜主考的，有来向新秀祝贺捧场的，有来物色东床贤婿的，有来观景凑热闹的，也有兜售纪念商品的。真是『酒后人狂倒，花时天似醉』。每次曲江宴，皇帝会亲临现场，带领后宫各色人等，登楼观赏。照例赐新选进士每人一份御用食品，算是皇帝对他们的关怀和期望，对于跃上龙门的新秀们更是一种荣耀。

流传至今的南宋鎏金银八角杯，壁有夹层，杯心錾刻一首词：『足蹑云梯，手攀仙桂，姓名高挂登科记。马前喝到状元来，金鞍玉勒成行对。宴罢琼林，醉游花市，此时方显平生至。修书速报凤楼人，这回好个风流婿。』文字虽简短，却可谓浓缩了状元及第庆典活动的内容及状元们当时的心态，是再现曲江宴真实情景的实物资料。

诗人笔下描述当时曲江宴的盛况是：『及第新春选胜游，杏园初宴曲江头。紫毫粉壁题仙籍，柳色箫声拂御楼……归时不省花间醉，绮陌香车似水流。』

状元酒楼

宋代每隔三年为大比之年，各省举子齐聚国都开封，显露才华，夺取文武状元。各家旅店门外，数名伙计在住店举子赶奔考场之前，早已准备好大桶美酒，手托酒杯，争相喊着吉利话：『相公们喝杯上马酒，夺个状元回来，再来店庆功。』如果店里住宿举子，一旦有人夺得状元，店主东立马会把店名改为某记状元楼，生意从此更为红火。三年后再次大比之时，会有更多举子投宿此店以沾些幸运之气。历年累积下来，城内改叫状元楼者，不下十数家。

新酒
狀元樓
酒

舀酒相庆

《恨海情变》中，描写了广东南海县有个青年，学习上进，16岁县考高中前十名，为县学案首。家中喜气洋洋，父母忙着托媒定亲，并安排亲属帮忙买酒。原来广东风气，『凡遇了进学中举等事，得报之后，在大门外，安置一口缸，开几坛酒，舀在缸里，任凭乡邻及过往人取吃，谓之「舀酒」。那富贵人家，或舀至百余坛。就是寒畯士子侥幸了，也要舀一两坛的』。主妇李氏『又叫预备一口新缸，不要拿了酱缸去盛酒，把酒弄咸了……酸秀才，倒变成咸秀才了』。

《儿女英雄传》中也描写了学子高中后，家里的一些仪式习俗。且说安公子高中探花，授职编修，家门高悬『探花及第』大匾。公子衣锦还乡，其父上祭时不同于他人都用香烛等物，认为那是亵渎佛旨，而是请出三样宝物：燧人氏的燧釜、舜帝盛汤的土铏、颜回箪食的竹筐，摆正。再捧了一个孔圣提及的觚，斟满清酒，升空过顶，供好。全家四拜。又捧起那觚至院中，把酒奠浇在一束白茅根上。

宴席之上，安公子拿出一只玛瑙杯，说起当年苦读用功时的赌誓。事出有因：当年夫人劝他丢开花酒诗情，安心备考，以便金榜题名。听到这些烦人的劝诫，公子当时赌着气说：『我谨遵大教，如果中不了进士，就如同这杯子一样！』说罢，随手抓起桌上这只玛瑙杯，朝屋门外扔去。本意想摔个粉碎出出心头之气，不想正好被进屋的人接住。如今实现了自己当年誓言，要好好感谢夫人的指教啊！

第

文君当垆

司马相如（前179—前117年），原名司马长卿，因仰慕名相蔺相如而改名。蜀郡人，西汉文学家。学富五车，曾陪王伴驾，后因世事变故一贫如洗。某日，他携梁孝王所赐『桐梓合精』之琴赴豪门卓王孙家宴，借得酒力，将其文学天赋发挥得淋漓尽致。卓王孙之女，因丧夫而寄居娘家的才女卓文君，于内室听到相如所弹《凤求凰》曲后，便与这位寒士私奔而去。因得不到卓文君父母的承认，两人生活无着。相如把自己一件用雁羽做的衣服拿去换酒，与文君对饮。为了生计，两人卖掉车骑开了一家小酒店，承受了很大的社会舆论压力。文君『眉色如望远山，脸际常若芙蓉，肌肤柔滑如脂』。大家闺秀如今只得抛头露面站柜台，当垆售酒。相如也不顾斯文，穿一条大裤衩抬酒洗盏，成为忙碌的店小二。

司马相如的故事很多，他曾得黄金百斤，作《长门赋》，使汉武帝陈皇后重新获得帝王的宠爱。当日子过得有些舒心的时候，他曾动过娶茂陵一位貌美姑娘为妾的念头。卓文君为此写了《白头吟》，表明若娶妾进门，便与相如一刀两断的立场，迫使司马相如改变初衷，遵守两人白首携老的誓言。诗中云：『皑如山上雪，皎若云间月。闻君有两意，故来相决绝。今日斗酒会，明旦沟水头……愿得一人心，白头不相离。』

渊明酒事

陶潜（365—427年），字渊明，江西人，东晋文学家。曾官至彭泽令，后弃官隐居。有《陶渊明集》传世。他是个很奇特的文士：好读书，却不求甚解；不解音声，却爱摆一架无弦素琴；性嗜酒，却因家贫时常无酒可饮。至家酿熟时，他用头巾滤酒，之后照旧戴在头顶。在其大作《归去来兮辞》序中云：到离家百里之外的彭泽作小官，目的实为『公田之利，是以为酒』。《归去来兮辞》中曰：『携幼入室，有酒盈樽。引壶觞以自酌，眄庭柯以怡颜。』公田是当时县官的生活福利。刚开始时，为了造酒，保障全年有酒喝，陶渊明准备将公田全部种上造酒的秫谷。后来陶夫人说：『除了酿酒外，我和你有残疾的孩子还要吃饭生活呀！』因此，陶渊明修改了种植计划：四分之三的田地种造酒所需的秫，四分之一种食用的粳。后来他又感到做官无聊，便挂冠而去。但从此手头拮据，囊中羞涩，酒瘾上来就到别人家去『造饮辄尽，期在必醉，既醉而退』。即使在自己宅中请人饮酒，多半也是客人带酒或出钱。他畅饮后，往往很礼貌地对客人说：『我醉了，想睡会儿，您可归去矣。』有一年正值重阳节，家家饮酒赏菊。他却呆坐花丛中，家里滴酒全无。此时喜从天降，友人怕他过佳节而断酒，及时抱来一瓮美酒。据有关资料统计，陶渊明传世诗作共146首，其中涉及酒的56首中，专以《饮酒》为题的有20首之多。梁武帝长子萧统所作《陶渊明集序》和《陶渊明传》，对推动陶渊明研究有重要价值。萧统说：『有疑陶渊明诗，篇篇有酒，吾观其意不在酒，亦寄酒为迹者也。』

『毒』酒不惧

房玄龄（579—648年），山东人。参与了玄武门之变。唐太宗即位，长期担任宰相。在唐代笔记小说《朝野佥载》中，谈到房玄龄的一段逸事。唐太宗对于房玄龄这位忠心辅保自己的重臣关怀备至，下旨赐给他一位美女为妾，以便照顾其饮食起居。但多次遭到房玄龄的婉言拒绝。唐太宗觉得有些搞不懂，退朝回到后宫，同皇后聊天时说起此事。从她的意见中，唐太宗听出很可能房玄龄有惧内的问题，便请皇后在适当的时机，做一下房夫人的工作，说明赐房老宰相一妾，是体现皇帝对老部下『有所优诏』。再说娶小妾的行为也是古已有之，不足为怪。但房夫人表示自己对这事的态度是：不能容忍有一个妙龄女郎闯入自家后宅内室！唐太宗听取皇后的工作汇报后，真是十分恼火。江山都能在马背上夺得，这点人人所羡慕之事，怎么就这么难！于是传旨，对房夫人下了最后通牒：你想死还是想活？要是依然不同意为房老娶妾的话，这有毒酒一壶，你喝了死去吧！人们都没想到，房夫人为了坚守自己的婚姻观，不避抗旨不遵的罪名，捧起毒酒连饮数口。当然，房夫人所饮并非毒酒，而是食醋。唐太宗见事情发展到这一步，也十分无奈，叹了口气说：『连朕都怕了这位房夫人，何况房玄龄呢！』

浩然醉月

孟浩然（689—740年），湖北人。唐代诗人，曾为荆州从事。其诗作多表现农耕自给、野逸安闲的生活。

李白与他在湖北相识，自然要一起渴酒。李白作《赠孟浩然》诗中有云：『醉月频中圣，迷花不事君。』中圣指醉酒，典出曹魏时，徐邈将清酒称为圣人的故事。『且乐杯中酒，谁论世上名』是孟浩然的人生写照。孟浩然47岁时，本郡韩长官知其才名，想加以提携，『约日引谒』。但到了约定日期，他却与酒友喝酒闲谈。别人劝他：『与韩长官失约不好吧！』他说：『我已经喝上了，身行乐事，顾不得其他。』这自然惹得郡守老大不高兴，他却没有为此而后悔过。他的诗作『语淡而味终不薄』。如『故人具鸡黍，邀我至田家……开轩面场圃，把酒话桑麻。待到重阳日，还来就菊花』等。

酒仙李白

李白（701—762年），字太白，号青莲居士。生于西域碎叶城（今吉尔吉斯斯坦托克马克市附近），官至供奉翰林。李白被称为『诗仙』，杜甫说他『斗酒诗白篇』，诗中自然也离不开言酒。『风吹柳花满店香，吴姬压酒唤客尝』，压酒指古代榨糟得酒，随榨随取酒。『鸬鹚杓，鹦鹉杯。百年三万六千日，一日须倾三百杯』，诗中提及当时的珍贵酒具。又有『汉中太守醉起舞……我醉横眠枕其股』『抽刀断水水更流，举杯消愁愁更愁』『人生得意须尽欢，莫使金樽空对月』『停杯投箸不能食，拔剑四顾心茫然』等诗。『纪叟黄泉里，还应酿老春。夜台无晓日，沽酒与何人』，此诗题为《哭宣城善酿纪叟》，以诙谐笔调写悲凉之情——在黑暗的地下世界继续造酒，能给谁来饮用呢？『饮酒岂顾尚书期』，典出西汉一好客酒徒，凡宴会必紧闭大门，甚至破坏客人的车子，只为留客痛饮。即使客人官高事急，也要等他醉倒后，方可从后门溜走。李白与杜甫友情深厚，李白为他写下《鲁郡东石门送杜二甫》《沙丘城下寄杜甫》等诗。两人『醉眠秋共被，携手同日行』。明代小说集《警世通言》中有《李谪仙醉草吓蛮书》的故事：唐玄宗时，某次外族来使，其国书文字满朝大臣无人能读懂，李白看罢，宣读如流，保住大唐国威。天子大喜，宣嫔妃进酒，彩女传杯，口谕让李白休拘礼法，敞开喝。又某日，李白在酒肆饮酒，天子宣见，写诗立成。由杨贵妃持玻璃七宝杯，亲斟西凉葡萄酒赐给李白。李白醉酒轻王侯，让受宠的宦官高力士为之脱靴，叫杨贵妃的哥哥、太师杨国忠磨墨。李白也因此与权贵结怨，后被赶出京城。临行时，李白奏知天子：『臣一无所需，但得杖头有钱，日沽一醉足矣。』天子惜其才，赐金牌御书：『逢坊吃酒，遇库支钱，府给千贯，县给五百贯。』

醉时清吟

白居易（772—846年），山西人，唐代新乐府运动倡导者。进士出身，官至刑部尚书。他同刘禹锡沽酒闲饮时写过一首诗：『少年犹不忧生计，老后谁能惜酒钱？共把十千沽一斗，相看七十欠三年。闲征雅令穷经史，醉听清吟胜管弦。更待菊黄家酝熟，共君一醉一陶然。』几乎句句有酒。白居易的侄儿阿龟6岁起寄养在白居易家，直至成人，白居易还为他娶了媳妇。亲家公河南府少尹就是在饮酒中结识的酒友，白为其写诗多至26首，如『黄花助兴方携酒』『新酒此时熟，故人何日来』『疏索柳花碗，寂寥荷叶杯』『最恨泼醅新熟酒，迎冬不得共君尝』『惆怅东篱不同醉』等。白居易关于酒的诗作共25首，其中《咏家酝十韵》云：『瓮揭闻时香酷烈，瓶封贮后味甘辛。』最为有名的是《七老会诗》，7位老人合计570岁，在白家宴饮，『樽中有酒且欢娱……酒饮三杯气尚粗……婆娑醉舞遣孙扶』。他还写过一首五言绝句，非常生活化，但表达了爱酒之人的情感：『绿蚁新醅酒，红泥小火炉。晚来天欲雪，能饮一杯无？』绿蚁指新酿米酒呈微绿色，浮于酒面上的糟如蚁。又如：『道场斋戒今初毕，酒伴欢娱久不同。不把一杯来劝我，无情亦得似春风？』因作道场斋戒，暂停饮酒，仪式刚结束，便嗔怪酒友冷落了自己。除诗词外，他还作有《酒功赞》，文曰：『麦曲之英，米泉之精。作合为酒……霜天雪夜，变寒为温……清醑一酌……转忧为乐……终日不食，终夜不寝。以思无益，不知且饮。』他为自己起了不少涉酒的外号：醉司马、醉尹、醉傅及醉吟先生。其《醉吟先生传》中说：『凡十年，其间赋诗约千余首，岁酿酒约数百斛。』

杏花村酒

李贺（790—816年），河南人，唐代诗人。曾为奉礼郎。可惜英年早逝。其代表作之一《秦王饮酒》，实际是假托秦王之名，讽刺唐德宗在平复战乱后追求享乐、不思进取。诗中有云：『龙头泻酒邀酒星……酒酣喝月使倒行……黄娥跌舞千年觥……青琴醉眼泪泓泓。』

杜牧（803—852年），陕西人，唐代诗人。进士出身，累官至中书舍人。诗作中多评论时政，见解精辟。有些诗句是人们极为熟知的，如『一骑红尘妃子笑，无人知是荔枝来』『商女不知亡国恨，隔江犹唱《后庭花》』『停车坐爱枫林晚，霜叶红于二月花』等。他写酒的诗作尽人皆知的是：『清明时节雨纷纷，路上行人欲断魂。借问酒家何处有，牧童遥指杏花村。』此外，『潇洒江湖十过秋，酒杯无日不迟留』是他升迁至长安赴任途中所作，激励自己不能再虚度光阴，要有所作为。『邪佞每思当面唾，清贫长欠一杯钱』是赞扬刚正无私、廉洁自律的忠臣。题为《郡斋独酌》的诗中写道：『旗亭雪中过，敢问当垆娘……叔舅欲饮我，「社瓮尔来尝」。伯姊子欲归，彼亦有壶浆……寻僧解忧梦，乞酒缓愁肠。』这是他由京城调任黄州任刺史时作的一首长诗。又如他在《雪中书怀》中写道：『行当腊欲破，酒齐不可迟。且想春候暖，瓮间倾一卮。』北虏南侵，自己官卑言微，无法参与庙堂国事，只好及时酿酒，以待来年一醉。又如：『浊醪气色严，皤腹瓶罂古。酣酣天地宽，恍恍嵇刘伍。』皤腹瓶罂指大容量盛酒器具，酣酣、恍恍指醉态，表现诗人无法施展报国才能，只能以酒来麻醉慰藉自己的状态。此外，他还有『酒醒孤枕雁来初』『但将酩酊酬佳节』『夜泊秦淮近酒家』『落魄江南载酒行』等诗句。

寒山酒诗

据史料记载，唐代有一位隐居天台山寒山地区的神秘高僧，其姓名和生卒年月均不详。但有心人将其随意写在竹石、墙壁上的诗作收集整理后，发现竟有数百首之多，其中有不少都提到了酒。如：『有酒相招饮，有肉相互吃。黄泉前后人……一去无消息。』又如：『赫赫谁垆肆，其酒甚浓厚。可怜高幡帜，极目平升斗。何意讶不售，其家多猛狗。童子欲来沽，狗咬便是走。』此诗是说，见一座大酒楼摆着不少酒瓮。古人将酒分为薄酒和浓酒，杜甫诗曰：『蜀酒浓无敌。』可见这家酒楼，企业标识高挂，沽酒分量也足，酒的质量很好，却生意十分冷清。为什么呢？高僧说，楼前拴着凶猛恶狗，谁还敢靠前。此诗用典出自《韩非子》，全诗隐含处世用人的哲理。再如：『我见凡愚人，多畜资财谷。饮酒食生命，谓言我富足……岂得免灾毒。……不如早觉悟……寄语冗冗人，叮咛再三读。』

在佛家看来，饮酒有十过失：一曰颜色恶，二曰少体力，三曰眼视不明，四曰现嗔相，五曰坏田业资生，六曰增疾病，七曰易斗讼，八曰恶名流布，九曰智慧减少，十曰身坏命终。所以，像《水浒传》中的鲁智深当僧众之面，公然饮酒吃肉，醉打山门破坏公物，便是违反佛门戒律，被众僧视为反面典型。

珍重酒香

寓酒乐心

欧阳修（1007—1072年），号醉翁、六一居士，江西人，北宋诗文革新运动领袖。进士出身，官至参知政事、太子少师。所谓『六一居士』，其中包括藏琴一张、棋一局，常置酒一壶……其著名游记《醉翁亭记》中有：『太守与客来饮于此，饮少辄醉，而年又最高，故自号曰醉翁也。醉翁之意不在酒，在乎山水之间也。山水之乐，得之心而寓之酒也。』文字优美，寓意深远。此外还有一首题为《食糟民》的诗作，是表现官酒制度造成的农民的悲苦生活，诗云：『田家种糯官酿酒，榷利秋毫升与斗。酒沽得钱糟弃物，大屋经年堆欲朽。酒醅瀺灂如沸汤，东风吹来酒瓮香。累累罂与瓶，惟恐不得尝。官沽味醲村酒薄，日饮官酒诚可乐。不见田中种糯人，釜无糜粥度冬春。还来就官买糟食，官吏散糟以为德……我饮酒，尔食糟……』这首诗运用了现实主义创作手法，具有一定历史意义。

由此想到白居易的《宿紫阁山北村》诗：『村老见余喜，为余开一樽。举杯未及饮，暴卒来入门……夺我席上酒……中庭有奇树……持斧断其根……中尉正承恩。』当时担任左拾遗的白居易，在终南山晨游，村民为之备酒，却遭一伙皇帝宠信的宦官所掌握的禁卫军的抢劫，百姓院内长了30年的奇树被夺走。面对暴行，村老不敢争辩，连白居易都悄悄劝告：不要惹他们，后台硬得很哪！就这样，一次很温馨的聚会被粗暴地破坏。他遇到的这种欺压百姓的事件，在那时十分常见。朝廷所设拾遗、补阙的官职不过是摆设而已。

庭坚戒酒

黄庭坚（1045—1105年），江西人，宋代词人、书法家。进士出身，官至著作郎、起居舍人。后被奸相除名编管，卒于贬所。所作《西江月》词小序云：「老夫既戒酒不饮，遇宴集，独醒其旁。坐客欲得小词，援笔为赋。」词有句：「断送一生惟有，破除万事无过。」这两句末藏酒字，不明确写出。他从发誓戒酒至后来为防瘴气再饮，其间共15年。《念奴娇》词序有云：「同诸甥步自永安城楼……偶有名酒，因以金荷酌众客。」词中有：「为谁偏照醽醁。」醽醁是美酒名。又有词曰：「玉笋捧杯离钿袖。会拼千日笑尊前，他日相思空损寿。」千日指千日酒。传刘某于中山得千日酒，至家醉，被家人以为死去而埋葬。三年后，酒家想起他，访其家，言已故去。但开棺而复醒。此外《醉落魄》词序云：「旧有《醉醒醒醉》……「浓斟琥珀香浮蚁。一入愁肠，便有阳春意」……或传是东坡语，非也。」词共有四篇，其中一篇云：「杯中三万六千日……谁门可款新刍熟。安乐春泉，玉醴荔枝绿。」末尾一句，作者自注：「亲贤宅四酒名也。」在第三篇又作序：「老夫止酒十五年矣。到戎州，恐为瘴疠所侵，故晨举一杯。不相察者乃强见酌，遂能作病。因复止酒。」词中有「教公休醉公但莫。盏倒垂莲，一笑是赢得。街头酒贱民声乐」等句。最为有趣的是《浣溪沙》词中云：「一叶扁舟卷画帘。老妻学饮伴清谈。」黄庭坚决心戒酒，夫人倒品起酒来，这将面临多么大的考验啊！

戒酒
酒

金龟换酒

秦观（1049—1100年），江苏人，宋代词人。进士出身，官至太学博士兼国史院编修，后被贬为处州监酒税。其关于酒的词句有『最好金龟换酒，相与醉沧州』等。金龟换酒，是指某次贺知章读李白的《蜀道难》，不及读完便连呼李白为谪仙，解下随身所佩金龟换酒，与李白喝了个痛快。秦观后被朝廷以『影附苏轼，增损《实录》』的罪名贬官离京。当他重游故地，忆起数年前与苏轼等16人在驸马都尉府雅集之趣事，感叹『行人渐老』而思归隐。『社瓮酿成微笑。半缺瘿瓢共舀。觉健倒，急投床，醉乡广大人间小』，苏轼极喜此词，然叹『恨不得其腔』。『小槽春酒滴珠红。莫匆匆。满金钟。饮散落花流水、各西东』，此词作于秦观被削职编管后放还时，他与受排挤之苦而北归的苏轼相遇，时苏64岁、秦52岁，秦卒于此年。

酒醒愁怯

历史上的女性诗人、词人中不乏文思泉涌、梦笔生花者，甚至酒量也不让须眉。

唐代有位参军之妻蒋氏，作诗嗜酒不亚于男子。闺蜜们常劝她节酒，她说：『但得樽中满，时光度不难。』某一日，参军的一位僧人诗友造访，与主人一起闲聊谈玄。蒋氏让丫环出来为僧人敬酒。僧人摆手说：『佛法规矩，受戒不饮酒。』蒋氏博览群书，当然知道僧人戒律。不过，她也读过此僧的诗作，知道他六根并不算清净，便隔着帘子说：『你虽是佛门弟子，但你的诗中云：「接岸桥通何处路，倚楼人是阿谁家。」像你如此有风韵之人会一点酒都不吃？』僧人面红耳赤。

宋代女词人李清照（1084—1151年），号易安居士，山东人，礼部员外郎之女。她擅长诗词创作且多才多艺。夫婿是宰相之子，为州郡长官，热衷金石研究。二人婚后生活悠闲。后宋金战乱，加之丈夫病故，致使她颠沛流离，诗词风格大变。其词中涉及酒的有『昨夜雨疏风骤，浓睡不消残酒』『沉醉不知归路』『东篱把酒黄昏后』『扶头酒醒，别是闲滋味』，扶头酒指酒烈易醉。还有『香车宝马，谢他酒朋诗侣』『三杯两盏淡酒，怎敌他晚来风急』『新来瘦，非干病酒，不是悲秋』等。另一位女词人朱淑真，为杭州人，被因酒店倒闭而要还债的娘舅骗嫁给债主之子，22岁郁郁而死。词中有『把酒送春春不语』『梦回酒醒春愁怯』『赏灯那得工夫醉』等句。此外还有南朝陈少女：『安得一樽酒，慰妾九回肠。』唐武则天：『酒中浮竹叶，杯上写芙蓉。』唐鱼玄机：『满杯春酒绿。』明朱妙端：『西子湖头卖酒家，春风摇荡酒旗斜。行人沽酒唱歌去，踏碎满阶山杏花。』明陈玉：『平章醉后懒朝天。』清徐元瑞：『犹记当时人去处，依依红杏花边卓酒旗。』清吴藻：『读罢离骚还酌酒，向大江东去歌残阕。』清高景芳：『无钱沽酒当风寒。』

珍重酒香

黄縢苦酒

陆游（1125—1210年），号放翁，浙江绍兴人，南宋爱国诗人，官至宝章阁待制。其所作《钗头凤》词感人至深，永传后世。其中有：『红酥手，黄縢酒，满城春色宫墙柳。东风恶，欢情薄，一怀愁绪，几年离索。错，错，错！』这首词题写于沈园壁上，是年春日，31岁的陆游于沈园散心，撞见前妻唐琬与其第二任丈夫，皇家宗室子弟赵某相携赏春。陆游接过对方所赠黄封官酒，望着前妻那双白里透红的玉手，不禁回想起当年娶唐琬为妻，二人如胶似漆的恩爱情景。后来却因婆媳不和，被母亲逼迫休妻，陆游退让一步，将唐琬另置别馆居住，时时加以探望安慰。后又被母亲侦知别馆地点，命人查封。美好姻缘终被拆散，铸成双方终身恨事。唐琬传为陆游表妹，据说她见到陆游这首词后，同以《钗头凤》词牌填写了一首：『世情薄，人情恶，雨送黄昏花易落。晓风干，泪痕残。欲笺心事，独语斜阑。难，难，难！人成各，今非昨。病魂常似秋千索。角声寒，夜阑珊。怕人寻问，咽泪装欢。瞒，瞒，瞒！』写出一个女子被剥夺爱情自由权利后的心酸，读罢不禁令人泪下。不久，唐琬因患抑郁症而撒手人寰。陆游一直深藏着对唐琬的爱，在他75岁垂垂暮年之时，作词仍有『梦断香销四十年，沈园柳老不吹绵』『伤心桥下春波绿，曾是惊鸿照影来』之句。陆游81岁时，梦游绍兴禹迹寺南沈园这个伤心处，温梦之作有『路近城南已怕行，沈家园里更伤情』『城南小陌又逢春，只见梅花不见人。玉骨久成泉下土，墨痕犹锁壁间尘』之句。

仙酒

醉酒松扶

辛弃疾（1140—1207年），山东人，官至福建、浙江安抚使。他一生抗金、清正廉明，但屡遭罢免。他为人耿直，最看不上恃强凌弱的小人。某日晚，作为地方官的他，他着便服约请一位为探母病而将离去的好友刘某，到一家酒楼饮酒话别。不料，此时正有一名都吏在此赏曲吃酒，将辛弃疾二人强行赶出楼外。回府之后，辛弃疾命人以有机密文书为由唤那名都吏来见，但该人彻夜醉酒未至。辛要将其罚款定罪时，这名都吏才醒了酒，托人情说好话。最后提出拿五千缗钱给刘某奉养老母（当时一缗为铜钱一千）。但辛弃疾答：『不可，须加倍。』都吏为保乌纱帽，拿出一万缗了事。辛弃疾既教训了势利小人，又为穷朋友筹到路资，让其买条木船归家而去。有一日，辛弃疾『夜读《李广传》，不能寐』，感同身受，写有一词，其中有：『故将军饮罢夜归来……恨灞陵醉尉，匆匆未识，桃李无言。』李广，西汉名将，后被诬罢官。某日夜归，因值勤的灞陵尉上班饮酒玩忽职守，禁李广通行，从人说：『这是故将军。』醉尉嘲笑说：『今将军也不灵。』李广不善言辞，只好恨恨而去。百姓俗话说：虎落平阳为犬欺。一代名将李广最终蒙冤自尽。辛弃疾报国无门，亦只得饮酒浇愁。他写下自己的醉态：『醉里且贪欢笑，要愁那得功夫。近来始觉古人书，信着全无是处。昨夜松边醉倒，问松我醉何如？只疑松动要来扶，以手推松曰去。』

酒浅仇深

文天祥（1236—1283年），字宋瑞，自号文山道人，江西人，状元出身，曾官至右丞相兼枢密使，都督诸路兵马，在与元军谈判时为端明殿学士。他为官十五年，受权奸排挤三上三下，依然『公尔忘私，国尔忘家』。他被元军俘虏前为少保、信国公，被关押5年，于47岁时，遭元军杀害。

文天祥为58岁的母亲所作诗曰：『捧觞自寿白头母。』在触怒奸臣被罢官时，有诗曰：『载酒之东郊……行乐非所欲。』在战火中，文天祥全家被元军俘获。他亲眼见到宋军在最后一战中全军覆没，海面浮尸十数万具之惨状，被元军拘押在大船上时，又目睹其骄横与疯狂，『北兵去家八千里，椎牛酾酒人人喜』，当时心境可想而知。

文天祥调任赣州知州尚未赴任时，曾于正月十五上元节由衡州知州宋某陪同观灯宴饮。次日，追写了《衡州上元观灯记》。其中记录了当地民俗活动的热烈场面，『其声如风雨潮汐，咫尺音吐不相辨』『酒五行，升车诣东厅。厅之后稍偏为燕坐，俎豆设焉』『车不得御，乃步入燕坐之次』『予起而举酒祝侯曰：「以平易近民，而民近之。」』『侯酬且执爵前曰：「惟使者使民不冤。」』因文天祥此前任湖南提刑，故有此评价。『予避且谢，则复诸侯曰：「举海内得以安其生而乐其时……臣等何力之有？」』，文章末尾，作者感叹千余年前许多民俗风物没有传承下来，百姓辛劳一年也只有观灯时才得以放松。在异族入侵之际，这一日的快乐也会转眼逝去，所以『亟奋笔记之』。

名医药酒

李时珍（1518—1593年），湖北人，明代著名医药学家。历30年撰写医学巨著《本草纲目》。他指出：『酒为百药之长』『少饮则和气行血，壮神御寒，消愁遣兴』。总结出具有医疗作用的药酒配方69种。如男子『脚冷不随，不能行者，用醇酒三斗，水三斗，入瓮，灰火温之，渍脚至膝，常着灰火，勿令冷，三日止』。又如：『惊怖猝死，温酒灌之即醒。』再如：『菊花酒治头风，明耳目，去痿痹，消百病。』

在古代小说中，常有用酒做药引子的描述。如明代一部小说中，有位地方官的夫人难产。多个医生诊断后都不敢下药方。这时在押的一名犯人对牢头说：『我有药可治夫人的病。』于是牢头禀报地方官后将他请入内宅，为夫人把过脉后，取出一包黄色药末称好重量，又用陈年好酒烫热，将药末调匀，缓缓灌下。不久，夫人便苏醒过来。《红楼梦》中宝玉挨了板子后，趴在床上让袭人看看打坏了哪里时，宝钗前来探视。只见她手里托着一丸药走进来，向袭人说道：『晚上把这药用酒研开，替他敷上，把那淤血的热毒散开，就好了。』《醒世姻缘传》中，出现医生边看病边吃酒的情节。这名医生有个习惯，出诊时先要人家备酒吃几杯，然后才去把脉，再拿出丸药说：『温黄酒研开，随汤药服下。』见病人好转后，又取出一丸，说：『用温酒研开，用黑砂糖调黄酒送下。』说罢，又换了大杯接着喝酒。临起身时，医生又嘱咐道：『明日来我家取药时，给我带一大瓶酒来吃，你那酒好！』在一部描写霍元甲的小说《侠义英雄传》中，在为同行治疗腿伤时，霍元甲叫人买了一杯高粱酒说：『因此处气血不流通，所以胀痛。用酒推拿立时可好。』说罢『用手蘸了酒推拿』，果然不到一刻钟伤者便恢复正常。中医推拿时亦有将酒点燃后使用的。

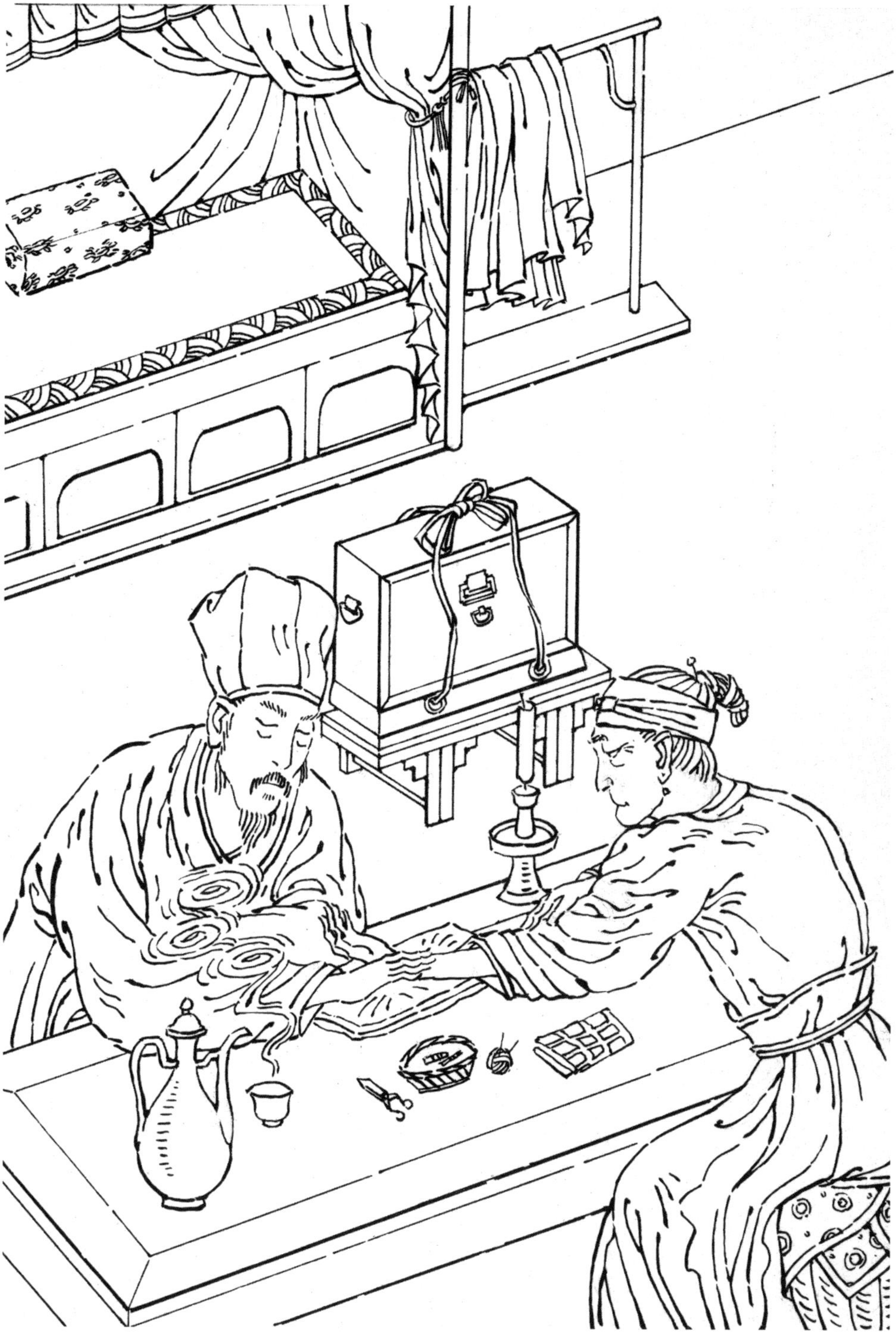

对联赐酒

纪昀（1724—1805年），字晓岚，河北人，清代学者、文学家。进士出身，官至礼部尚书、协办大学士，曾任《四库全书》总纂官。民间流传着很多关于他的故事，不少都与乾隆皇帝有关。

某日，乾隆私访，纪晓岚陪同。见一酒店门悬方形灯笼，四面各写一『酒』字。乾隆说：『朕出上联，爱卿若对出下联，可以喝这余酒。』便吟出：『一盏灯，四个字，酒酒酒酒。』说罢显出十分得意之情。此时正遇更夫打更走过，纪晓岚顿时面露喜色，说：『三更鼓，两面锣，汤汤汤汤。』酒量不大的纪晓岚，喝皇帝所剩余之酒也够了。

纪晓岚的女儿嫁给两淮盐运使卢某的孙子为妻。因这一层关系，当卢某侵吞盐务公款将被治罪时，纪私通了消息，后被和珅告发，流放到乌鲁木齐。后放还东归途中，纪作诗160首，定名《乌鲁木齐杂诗》。其中一首曰：『一路青帘挂柳阴，西人总爱醉乡深。谁云山郡才如斗，酒债年年两万金。』

纪晓岚某日在京南太白楼请数位老寿星宴饮。从其所作诗中可知：『一千岁尚饶余算，十五人同聚此筵。』名士酒会自然要行酒令，要求每人按桌上菜品说出一位古人。大家说了姜太公钓鱼、苏武牧羊、秦琼卖马、王羲之爱鹅、曲子纵鸽、丙吉向牛等。轮到纪晓岚，他将数盘菜肴移到自己面前说：『秦始皇并吞六国。』众所周知，纪晓岚与和珅经常斗心眼。一次皇帝排筵百官来朝，有太监牵狗而过。和珅对时任侍郎的纪晓岚说：『你说这是狼（侍郎）是狗？』其他大臣哄笑起来。纪马上反问时任尚书的和珅：『尾巴上竖（尚书）是狗，您不认识？』又是一阵哄笑，和珅好不尴尬。

珍重酒香

旧酒素心

林则徐（1785—1850年），字少穆，福州人，进士出身，担任过多地总督及钦差大臣。因虎门禁烟而青史留名。

官至三品担任江宁布政使的林则徐，在父丧三年守制结束后，到京等待新的任命，期间，他与20年前的同榜进士共34位，约齐至宣武坊南龙树院雅集。任道台职务的周凯当场劈素濡墨作画。林则徐题记于上，记述了在外任职11年中3次返京，因滞留时间很短，在京的『故交置酒相劳，每不获往』。今日得以饮酒数巡，回想起当年中『进士者二百四十七人』，然『人事错迕』『有日减，无日增』。『觞咏于斯者，犹三十四人』，曾经『翩翩年少者，亦皆鬑鬑然逾强而艾矣』。因而发出『喜其来，惜其别』的感叹。不久，他任湖北布政史离京赴任。沿途给水路下属官员发文：『无须致送下程酒食等物。』林则徐担任两江总督时，关心防汛抗洪、救灾办赈。为治河道进行数日私访调查，所记日志成为珍贵的史料文献。其中记录船民所言，『清河陶太爷只好做诗喝酒，不爱坐堂』，只有『醉后亦多坐堂打人』，不是清官『不免要钱』。

林则徐诗作中关于酒的内容有『倾来佳酝色香陈』『暂醉莫辞京口酒』『大白酒先倾』『南阳尚书清兴发，约我载酒同扁舟』等。又有『婪尾一杯春已暮，儿曹漫献北堂卮』，此二句摘自林则徐为已赴外地寄寓的林夫人53岁生日有感所作诗。婪尾指最后一杯酒。林则徐还作有一联：『碧梧翠竹新诗卷，红雨青山旧酒人。』对仗工整，十分雅致。提及联句不免想起林则徐的父亲留下的一联：『粗茶淡饭些许酒，这个福老夫享了；齐家治国平天下，此等事儿曹任之。』

醉写兰亭

中国古代许多大书法家饮酒挥毫，留下稀世墨宝，真所谓『酒为翰墨胆』。

王羲之（321—379年），东晋书法家，有『书圣』之誉。官至右军参军、会稽内史，世称王右军。与谢安等41位名士雅集兰亭临流赋诗，王当场所作《兰亭序》及其文稿墨迹倾倒后世，被奉为书家楷模。这次名流宴饮，非同厅堂排宴，而是在大自然之中，『引以为流觞曲水，列坐其次。虽无丝竹管弦之盛，一觞一咏，亦足以畅叙幽情』。名士们将斟满酒的漆木双耳杯小心地放在曲折缓流的水面之上，任其顺势漂浮，暂停某人面前，该人即可捧觞而饮。在这『天朗气清，惠风和畅』之时，仰看宇宙之宏大，俯视万物之生机，酒入欢肠，诗文自然是每位都会吟诵的。王羲之酒酣之际『挥毫利序，兴乐而书』，留下绝代所无的神品。据传，当他酒醒后『更书数十百本，终不及之』。唐太宗酷爱王羲之书法，派人赚取《兰亭序》，竟以之殉葬。张旭，唐代书法家，尤擅狂草，有『草圣』之誉。他大醉『乃下笔……既醒自视，以为神，不可复得也』。有一次，他酣醉狂叫三五声，索笔挥洒，字满长廊墙壁。张旭甚至用头发蘸墨狂书，世称『张颠』。怀素，唐代书法家，擅狂草，『以狂继颠』，李白说他『草书天下称独步……吾师醉后倚绳床，须臾扫尽数千张』。唐代许瑶《题怀素上人草书》中说他『醉来信手两三行，醒后却书书不得』，世称『醉素』。

蘭亭脩禊

醉笔生花

中国古代著名画家在艺术创作中，『饮酒其醺，籍酒不群』，从而激发笔墨灵感者不乏其人。吴道子（约680—759年），唐代画家，被历代奉为画圣祖师。他作画时『每欲挥毫，必须酣饮』。同时代画家郑虔（691—759年）作画也要待『酒酣意放』，方驱笔挥毫，虽『片纸点墨，自然可喜』，杜甫称赞他：『酒后常称老画师。』同时代还有画家王洽（？—815年）好酒，每逢作画，必先饮，醺酣后，泼墨汁于绢上，或挥或扫，应手随意，生动自然。被杜甫称为『亦能画马穷殊相』的唐代画家韩幹（？—780年）年少时在酒店打工，到王维家收酒钱时『戏画人马于地，王维奇其意趣，乃岁与钱两万，使习画十余年而艺成』。厉归真，五代后梁画家。常布袍入酒肆。梁太祖召问：『君有何道理？』对曰：『衣单爱酒，以酒御寒。用画偿酒，此外无能。』陆晃，五代南唐画家，『嗜酒，凡酒兴酣畅时，信笔挥洒』，但『或在绝格，或入末品』，天子『闻其名欲召之，侍者谓其好把酒歌舞，无臣子之礼，遂止』。居宁，北宋画家，『酒酣则为戏墨，妙写草虫，不专于形似』，落款写『居宁醉笔』。包鼎，宋代画家。画虎时要到一间干净房内，将门关严窗堵死，点上灯。饮酒一斗后脱去衣服，趴在地上模仿虎的动作，待有感觉再饮酒一斗才开始作画。徐渭（1521—1593年），明代书画家。『常与群少饮于酒店』，或『闲户狂饮，拒与官吏往来』。有一次，一位官长前来造访，徐渭关门时那人已挤进半个身子，仍被徐渭推出门外说：『徐渭不在！』他于诗文、书画、戏曲理论、杂剧创作等均有造诣，郑板桥自称是他门下走狗。蒲华（1832—1911年），晚清画家。若有人求画，只须酒饮至酣畅，展纸磨墨，援笔立就。其好友吴昌硕赠蒲华诗中有云：『朔风鲁酒助野哭。』可以想像当时画家生活之贫困。

春水春池滿
春時春草生
春人飲春酒
春鳥弄春聲

绝缨酒会

明代历史演义小说《东周列国志》中有这样一个故事，说楚庄王在一次平叛取胜后，心绪颇佳，『置酒大宴群臣于渐台之上，妃嫔皆从』。庄王对大伙说：『今日举办太平宴会，文臣武将一律参加，吃好喝好！』天黑之后，酒宴仍持续进行，庄王命内侍『秉烛再酌』，并且让自己最宠爱的美女许姬在群臣之间款步斟酒助兴。忽然一阵大风吹来，『堂烛尽灭』。在左右侍从取火未至、大堂内一片漆黑之际，漂亮的许姬觉得有一双『咸猪手』在占自己的便宜，气得她柳眉倒竖，一把将对方帽子上的缨子扯下攥在手中，快步走到庄王跟前，揭发有人居心叵测，要庄王严惩缺少帽缨、乱性无德之人。然而，却听到楚庄王大声吩咐：『先不要点烛，为了尽兴，请大家都把帽缨摘掉。』当火烛再次明亮起来时，已经分辨不出那个不守规矩之人到底是谁。宴会结束，驾转后宫。楚庄王特意安慰许姬，向她解释说：『酒后狂态，人情之常。如果治了对方的罪，反而让大臣们紧张，岂不失去举办太平宴会的意义。就算是你为寡人做出的牺牲吧！』这便是流传后世的『绝缨会』。

算命得酒

《封神演义》中的神人姜子牙下山后也同凡人一般，生活没有可靠收入，还总受老婆辱骂。他的结义兄弟宋异人见此情景，说：『朝歌城中有五十家酒饭店都是我投的资，每店让你开一日，依次轮流做生意，就能使你衣食无忧。』次日，宋异人先把城南门张家酒饭店交子牙经营。没想到时运不济，将地处繁华地区好端端一家大酒楼开得冷冷清清，竟终日无客登门，致使酒酸肉臭赔了钱。无奈，宋异人又帮他开了一家算命馆，门框上还贴了『袖里乾坤大，壶中日月长』的对联。但数月已过，并无生意上门。子牙烦恼不已，不由得伏案而眠。某日，一莽汉卖柴路过，进屋要算命，还说：『要是算得不准，便打你几个拳头。』子牙批了四句话，并告诉这一莽汉：『你向南走，有人会赠酒两碗。』莽汉将信将疑，担柴而去，果然遇一老者要买他的柴。讲明价钱，老者让他放在门内，一不小心落下些草叶嫩枝。见此，莽汉很不自在，因其一贯爱干净，便取扫帚将周围地面扫得十分清爽，才将尖担绳头收好，垂手站立，等候老者交付柴钱。老者见卖柴人如此勤谨，十分高兴。就唤家人捧出几样点心、一壶酒、一个碗给他。莽汉想：『算命先生真是个神仙。不过我先把这第一碗斟得满满的，如果第二碗有些浅，也不算他准，还不许他在此地开馆。』结果第二碗酒仍然是满满的。老者付给他柴钱后，又递给他二十文钱，说：『今日是吾小儿喜辰，这是与你的喜钱，买酒吃。』原来在商议柴价时，莽汉故意少说了本该付子牙课钱的二十文钱，没想到除了柴钱，居然课钱也有了，真是精准。从此，莽汉经常拉行路人到子牙馆中算命，还定出一课付子牙银子五钱的规矩。若有人不肯算命，他便要拉人家一起去跳河，若算得准，就要让人家请他吃酒。

袖裏乾坤大
壺中日月長

管仲限酒

春秋时期，一代霸主齐桓公有不少与酒有关的故事。如某次齐桓公饮酒过量，晕头涨脑犯了迷糊，只依稀记得自己感到胸中燥热，便随手把冠帽摘下扔至一旁。酒醒后又想不起放在哪儿。于是发动内侍各处寻找，也毫无下落。冠帽丢失，工作服配不成套，怎好意思升殿与大臣议事。他竟连续三天没上班办公。还是管仲替他想了个办法，让他做善举以挽回面子。于是齐桓公下旨开仓济贫，大赦罪民。当时有民谣唱：『公胡不复遗冠乎！』

又如，有一次齐桓公到管仲家中小酌谈天，天色渐渐暗下来，齐桓公却喝得正爽，毫无摆驾回宫之意。甚至叫管仲令人拿出大蜡烛点亮，以便边喝边聊。管仲只得下了逐客令：『没想到大王喝起酒来就约束不住自己，依我看今天就到此为止吧！』齐桓公不仅没有生气，反而劝管仲：『朕与爱卿都到了夕阳无限、近至黄昏的年纪，该尽兴畅饮为乐呀！』管仲语重心长地规劝道：『沉湎于酒会失德引患。盼大王克制欲望，成为一代明君啊！』

齐桓公大宴群臣时定下一条纪律，谁也不可迟到，否则罚酒一大杯。有一次，日理万机的管仲因国政晚到一小会儿，齐桓公命罚酒一大杯。而管仲喝了一半却倒掉一半。齐桓公质问他，管仲说：『酒后会失言，失言则遇祸。与其弃身，不宁弃酒乎？』管仲（？—前645年），名夷吾，字仲，安徽人，在齐国任上卿，执政40年，实行改革，助齐国发展壮大。一代名臣诸葛亮就是管仲的粉丝。可见管仲是中国古代历史上贤臣名相中的代表人物。

易水酒寒

荆轲刺秦王的故事在我国已是家喻户晓，汉代画像石中亦有描绘。且说燕太子丹曾作为人质滞留秦国，期间受到秦王的不公正待遇，返国后一心想报仇雪恨。不久太子丹结识了嗜酒而好读书的壮士荆轲，对他十分恭敬，好酒好菜招待了三年。荆轲也做了不少准备工作。为了能顺利接近秦王，取得近身机会以便行刺，他备下一份秦国极想获取的燕督亢地区行政图，并将太子得自赵国徐夫人处的一把匕首磨快，淬上毒药，藏于地图之内。同时，劝说被秦王悬赏千斤黄金通缉的樊将军献出人头。又选择勇士秦舞阳为行动副手。出发执行任务那一日，凡知道此项计划的人，均着白衣素冠，前来饯行。《车周列国志》中描述，高渐离『持豚肩斗酒而至』，并击筑以伴荆轲慷慨悲歌：『风萧萧兮易水寒，壮士一去兮不复还！』神态凝重的太子丹『复引卮酒，跪进于荆轲。荆轲一吸而尽，牵舞阳之臂，腾跃上车，催鞭疾驰，竟不反顾』。

酒肴藏剑

据《史记·刺客列传》载：吴国公子光本应接班做国君，却被吴王僚篡夺了政权。便寻找机会复仇。但此事风险很大，一则吴王僚身边有一名『筋骨如铁、万夫莫当』的保镖『日夕相随』，二则吴王僚的两位亲属手握重兵。为此，公子光通过从楚国逃至吴国请求政治避难的伍子胥结识了著名勇士专诸。三人商定计划：第一步，抓住吴王僚贪食美味的弱点，派专诸到太湖学烹鱼三个月，以便有接近吴王僚的机会。第二步，以战事需要，将吴王僚的保镖及带兵的亲属调出京师。第三步，公子光伪装堕车足部受伤，留在家中筹划刺杀安排。公子光将一把『形虽短狭，砍铁如泥』的家传宝刀鱼肠剑交给专诸使用。终于有一天，吴王僚被美食名酒所吸引，同意到公子光家赴宴。虽然吴王僚有所防备，内穿三重狻猊铠甲，身边护卫兵丁百余人，对每个上菜的侍者都要搜身检查，保安措施非常严格。却不防专诸将宝刀藏在鱼腹之中，在端盘靠近吴王僚奉上料理的一瞬间，拔出鱼肠剑力透重甲，刺死吴王僚，同时自己也献出了生命。

桃酒杀士

在汉代画像石中有一幅表现的是二桃杀三士的故事。话说齐景公手下有三个猛士，结为兄弟，自号『齐邦三杰』。平日恃强凌弱，挟功恃勇，简慢公卿，甚至连国君也敢顶撞。晏相国欲除去国之隐患。一日，景公举行国宴招待来访的鲁昭公，三名猛士带剑目中无人地随意立于殿外。晏相国心生一计，亲自到御桃园摘来六枚其大如碗、香气扑鼻的『万寿金桃』，为两国国君祝寿。晏相国捧玉爵进酒、献金桃，两国君饮罢各取食一枚，然后赐两国领班大臣美酒及金桃一枚。此时雕盘内只剩两枚金桃，晏相国按计行事，奏曰：『主公可传谕，诸臣中自信自己功深劳重者出班自奏，可分得金桃。』齐景公准奏。三名猛士马上进殿表功争桃。晏相国经景公点头，为稍前一步的两猛士递酒分桃，而对第三位猛士说：『你的功劳最大，但桃已分完，以后再吃。只给你一杯酒吧！』此猛士听罢，觉得当着众人显得很没面子，于是拔剑自刎。得到金桃的两位猛士觉得自己太没谦让精神，其中一个感到同生死的兄弟已自尽，我应随他而去，亦拔剑自刎。最后剩下的猛士想：『三兄弟走了两个，我活在世上有什么意思！』也刎颈而亡。晏相国仅用两个桃子的代价，除掉了三名危险分子。

夜深闹酒

春秋战国时代出现不少奇闻异事，以饮酒为例。齐景公每日退朝后，都在后宫与姬妾喝酒。一次，他饮至半夜意犹未尽，带着酒肴乘车奔至晏相国府。相国得报，急忙穿好官衣、手持笏板门前迎侯，问：『是诸侯闹事，还是国有灾难？』景公持杯说：『没啥事，想跟你喝两口！』相国正色道：『国有大事找我，陪酒就算了。』景公无趣，转道又去大司马府。司马得报，顶盔贯甲持大戟拱立门外，问：『是诸侯作乱，还是大臣反叛？』景公说：『没啥事，想跟你喝两口！』大司马正色道：『打击寇敌、镇压悖乱找我，陪酒就算了。』景公索然，侍从小心翼翼地问：『咱回去不？』景公望望手中酒杯说：『要不去梁大夫家试试？』刚到梁府，就见梁大夫一手夹琴一手拿竽，唱着喜歌迎来。于是景公喜出望外，君臣二人脱去外衣，甩掉帽子边唱边喝，一直闹到天亮方罢。齐景公之所以能够坦然畅饮，正是因为文有相国秉政、武有司马治军，使齐国兵强国治、四境平静。尤其大司马穰苴治军严厉，有一次，过了发兵出征时间，景公亲派的监军恃宠骄贵，满身酒气不紧不慢而来，被大司马按军法斩首。景公立马派大臣持节乘车赶来救人。该大臣竟敢乘车直闯营门，按军法当斩。大司马为顾全景公脸面，毁车杀马以为惩戒。

珍重酒香

恭请赴宴

《史记》中有一篇《魏公子列传》，记载了魏国公子信陵君，因抗击秦国入侵而威名远扬。平日，他不居功自傲，而是礼贤下士，诚恳待人，因此结交了很多有谋略的人才，这些门客也愿意为其效力。某一日，信陵君听到有人说起国内一位老隐士很有才学，便多方打听想请其出山，将其吸收到自己的智囊团中来。这位隐士名叫侯嬴，已年过古稀，为谋生计而做着看守城门的工作，收入虽很微薄，却随遇而安，大隐于市，泰然处之。信陵君派人送给隐士一份厚礼进行联络，不料，老隐士说：『臣修身洁行数十年，终不以监门困故而受公子财。』表示不受礼。信陵君并不灰心，而是举行了盛大酒会，待宾客齐聚时，自已亲自随车到大梁城东门请老隐士去吃酒。老隐士身着破旧衣帽上车，就座于主位，并不谦让。此时信陵君在一旁执辔，十分恭谨。老隐士又吩咐：『先去农贸市场见个杀猪卖肉的朋友。』信陵君赶车到了市场，老隐士下车与屠户闲聊很久，信陵君毫无不耐烦的情绪，很温和地执辔在一旁等待。市场内围观的人很多，连信陵君的随从人员都在窃骂老隐士不识时务。其实老隐士是在考验公子是否出于真心。见信陵君『色终不变，乃谢客就车』。到了宴会大厅，信陵君又请老隐士坐于上位，在众多宾客面前热情介绍，并在酒酣之时，起身至老隐士身边为之敬酒。老隐士终于被信陵君的诚意感动，愿意为其出谋划策。

酒酣歌欢

《哨遍·高祖还乡》是一套以汉高祖为题材的元散曲。曲中以一个知其底细的乡人之口，对刘邦衣锦还乡、威加四海、笼络人心的举动，进行了辛辣的嘲讽。

曲中叙述被要求前来迎接刘邦的乡老「执定瓦台盘」「抱着酒葫芦」。见到刘邦颐指气使，「觑得人如无物」的样子，乡民气愤地道：你当年做亭长也是好酒贪杯，到处依势借粮。以手中之权占乡民便宜，为「还酒债偷量了豆几斛」，你还是欠帐还钱吧！虽然现在改叫皇帝，却依然是我眼里的那个刘三。

据《史记》载：刘邦称帝后，衣锦还乡时，「置酒沛宫，悉召故人父老子弟纵酒」。「酒酣，高祖击筑」，高唱《大风歌》，边唱边舞甚至泪下。由经挑选出来的120人组成的歌咏队随之伴唱，乐饮极欢，前后达半月有余。

汉高祖刘邦与酒有关的故事很多，如：楚汉相争之际，有一位狂生到军营要见刘邦。此时刘邦正由侍女为其做足疗，也不喜欢见读书人。受到冷落的狂生在门口高喊：「我不是儒生，我是高阳地区的酒鬼！」从此，「高阳酒徒」成为嗜酒放荡者的代称。又如，带兵40万的项羽摆下鸿门宴，要除掉刘邦。酒宴上范增命项庄以饮酒无乐为名，上前舞剑，借机刺杀刘邦。张良立马派樊哙进帐护卫刘邦。项羽见了说：「真壮士！」赐他卮酒。樊哙接过酒就着生肉，立而饮之。范增多次举随身所佩玉玦，示意项羽尽快做出决断。项羽犹豫不决未敢动手，为自己留下后患。

漢
劉

饮酒持节

苏武牧羊的故事可谓家喻户晓。苏武作为使节到匈奴进行国事活动，却被扣留19年之久，但始终正气凛然，威武不屈。

苏武的父亲官至平陵侯。苏武原是栘园管理马厩的官员。汉武帝委任他为中郎将，派他持节护送匈奴使臣归国。到达匈奴境内遇到内乱，苏武手下皆降匈奴新主单于，唯苏武不肯屈从而被幽禁地牢。环境恶劣，苏武只得吞毡毛抗饥寒，后又被流放到无人荒原放羊。唐诗有句：『云边雁断胡天月，陇上羊归塞草烟。』单于扬言，只有等公羊怀小羊才可放苏武归国。但苏武仍然保持汉朝使臣的尊严，常年持节牧羊。历经多年使用，节杖上装饰的牛尾毛大多脱落。某日，单于为软化苏武，特命投降的汉臣李陵携带大量美酒佳肴，作为说客劝说苏武投降。李陵已成单于阶下奴才，只得硬着头皮前来。李陵一边为苏武斟酒，一边说：『反正也回不去了，苦守这不毛之地，有谁知道你为信义而做的牺牲！你可能还不知道，你哥哥因为把汉皇帝的车子撞坏已经自杀。你弟弟因没完成皇帝交办的工作已服药自尽。你妈也着急病故。媳妇早已改嫁他人。你妹妹及孩子如今皆生死不明。人生如朝露，何必自苦如此？再说汉皇帝法令无常，大臣安危难测，你还是投降单于吧！』苏武对于变节之人也没什么话好说，吃了他带来的酒肉，无非是保存体力，以利持久战斗的策略而已。

珍重酒香

七贤迷酒（一）

『竹林七贤』指魏晋时期酷爱相邀畅饮的七位名士，即刘伶、阮籍、阮咸、嵇康、山涛、王戎、向秀。

刘伶，江苏人。官至建威将军。曾撰《酒德颂》。夫人见其饮酒无度，经常加以劝诫。某次在戒酒数日后，刘伶骗夫人以祭神为名备下美酒五斗，趁夫人外出时喝了个干净，醉卧家中。他出门所乘鹿车内必置一壶酒，夫人又说：『年纪大了，过量饮酒无异自杀。』几天后，人们发现鹿车后多了一个扛铲的人，便上前询问。刘伶说：『如果途中醉死，他立马可挖坑埋我入土啊！』

阮籍（210—263年），河南人，官至从事郎中。司马昭想安排他做儿子的老师，结果他一醉60天，司马昭只得另行任命。阮籍不愿为官，却因为打听到步兵营内有善造好酒之人，而且营中酒库里尚贮有佳酿三百斛，所以谋求步兵校尉一职，以便近水楼台先得月。唐初门下省的待诏王绩，生性嗜酒，说：『待诏俸禄虽少，仅凭每日供三升好酒就可令我眷恋。』与阮籍颇为相似。鲁迅说，阮籍所处环境只好多饮酒，少讲话。讲错话也可借醉酒得到原谅。

阮咸，河南人，官至太守。同其叔叔阮籍一样，常与六位名士竹林狂饮。竟不顾礼数，守孝期间取姑家鲜卑侍女为妻，成为忌才惮能小人诬陷他的把柄。

嵇康（224—263年），安徽人，官至中散大夫。夫人是曹操的曾孙女。在司马氏当权时，他为避祸，终日打铁，将自制的小型农具与农夫换酒自饮。嵇康常于竹林抚琴小饮，所弹《广陵散》名动京师，却也结怨权贵，终被罗织罪名处死。临刑前他抚琴弹奏一曲《广陵散》后，叹曰：『从此《广陵散》绝矣！』嵇康在司马氏与曹氏两大政治集团的争斗中成为牺牲品。

七贤迷酒（二）

山涛（205—283年），河南人，官至尚书仆射加侍中，领吏部。他持重清廉，在官场的争斗中考虑问题冷静、公允。如司马昭杀掉嵇康后，曾问山涛为什么当时不加以劝阻。山涛说：『为他求情难免一死，我死不足惜，怕因我而死更多人。』山涛饮酒很有节制，八斗而止，所以不曾醉过。一次天子赐他酒，山涛饮到八斗的量后便放下手中之杯。

王戎（234—305年），山东人，官至吏部尚书、仆射、光禄大夫、司徒，官位仅次于山涛。有一次，阮籍设宴招待王戎，同座客人是位刺史，但阮籍说：『今日酒只够两人的量，就不为刺史准备酒杯了。』刺史问：『可以打听一下有多少酒吗？』阮籍说：『仅两斗而已。』由于刺史无酒可饮，王戎倒觉得有些过意不去。

向秀（227—272年），河南人，官至散骑常侍。为有酒喝，他跑到百家岩大柳树下的洪炉旁，参加到嵇康的打铁组合中，挥汗如雨，赶制农具，以换村酒。有时赶至另一位酒友吕安的菜地内帮助打理菜蔬，卖菜买酒，然后捧到山涛家，在竹林内痛饮至深夜。或者两位『菜农』就在田间地头，一边品尝自己种植的无公害新鲜蔬菜，一边相互劝酒，好不自在。然而，天有不测风云，人有旦夕祸福。吕安的夫人被他大哥凌辱自尽，吕安去告状反遭奸臣陷害，竟以诽谤罪入狱。嵇康为朋友辩冤，不期奸党早就张网以待，两人同时被杀。

酒瓮加冠

北周文帝时，尚书左丞元孚十分好酒，且脱发严重。文帝对他十分亲近，有时爱开他玩笑。一次，文帝命内侍在大殿内，把十几个大酒瓮一字摆开，瓮中注满宫酒，每个瓮上都用帽子当盖子。准备妥当后，便传王孚晋见。王孚以为有何国事交办，进殿后见皇帝抿嘴窃笑，知道皇帝是在搞什么小把戏。用眼四下瞄了一下，见一排扣有帽子的酒瓮，眼珠一转计上心来，奏曰：『吾这些兄弟真是无礼，怎么敢乱闯皇家禁地，匡坐相对，还不早点回自己家去！』于是做搬瓮状。皇帝开心大笑。

《后汉书·刘宽传》载，太尉刘宽嗜酒，也不大注意外在的仪表，但皇帝很借重他管理国政的才能，常召其进宫讲经。有一次，刘宽『于坐被酒睡伏』。皇帝问：『太尉醉酒了吗？』刘宽仰视皇帝说：『臣不敢醉，但任重责大，忧心如醉。』刘宽待人宽厚，任高官而不妄自尊大。有一次，他请客人吃酒，派一名苍头外出买酒。等了许久，苍头自己醉态十足地归来。客人极不高兴地随口骂了一声：『真是个畜生！』事后，刘宽派人看视那个挨了骂的苍头，很担心他因此自寻短见。

果老戏酒

八仙的故事在我国流传已久，八仙之一的张果老相传是尧当皇帝时的一个侍中，终日不食却活到唐代。他有匹白色毛驴，经常骑之云游，歇脚时，便把毛驴像折纸一样折叠好，放入巾箱之中，若要骑时，打开噀水，驴便又可活蹦乱跳。唐玄宗向往神仙之道，派人四处寻访张果老。好不容易将他请来，留在宫内赐酒闲谈。酒过数巡，张果老放下酒杯说：『老臣量浅，最多只饮至二升，多则失态。不过，我有个弟子，能饮酒一斗。可由他陪您继续畅饮。』玄宗将这弟子召到内殿，只见一位十几岁的小道士，长得眉清目秀，先给天子叩头行礼，又给张果老打个稽首，说话清脆。玄宗很是喜欢，便叫内侍备座。张果老忙说：『小弟子当侍立回话。』玄宗见师徒礼貌周备，龙心大悦，赐小道士杯杯满、盏盏干，饮够一斗之量。当小道士喝完最后一口时，张果老起身说：『不可再赐他酒喝。如果喝高了，必有失态处。』玄宗此时正是心绪极佳之时，便说：『大醉何妨，恕卿无罪。』站起身亲自持一玉觥斟得满满的，拿到小道士口边让他喝下。没想到酒一入口却从小道士头顶涌流下来，连小道冠都冲得歪斜，从头上跌落在地。小道士屈身去拾时，也醉卧一团。玄宗与众妃见状大笑，但仔细看去，却不见小道士，地上只留下集贤院金榼一只，而金榼容酒仅一斗。玄宗等人看得目瞪口呆。

酒客尊卑

话说唐朝有一位武职官员，不仅本人职场得意，亲属也都是豪绅富户。唯一使其心情郁闷的只有自己的女婿，科考连连名落孙山，是个穷酸白丁。白丁夫妇每日生活起居寄人篱下，经常遭亲属乃至下人们的白眼冷遇，只好忍气吞声，得过且过。

这一年，发奋上进的女婿又进京赴试去了。时值新春，武官府内大排筵宴。正厅中高朋满座，客人们衣冠楚楚、气宇轩昂。女眷们更是珠翠满头、争奇斗艳，花枝招展、燕语莺声。只有白丁的老婆因衣衫粗简过时，妆饰弊烂失色，无人理睬，被安排到幄屏之外，一人闷坐，没有茶食。

忽然，京都报录前来，高声告知：『令婿高中及第！』老丈人初闻高中之声，以为是别家之婿，还特意向上司查问核实。而知晓确是自己女婿高中后，人们一拥而上，争相把此时已改口称为状元夫人的白丁老婆扶将出来，至正堂高座。美眷们忙不迭地拿出新衣首饰，请状元夫人选用装扮，真是殷勤邀宠，唯恐落人之后。

这次酒席如同一场悲喜剧，显现出人间的贫富不均，世态炎凉。

福

宜春酒节

唐德宗（742—805年）时，定农历二月初一为『中和节』，全国放假饮酒过节。此酒称为『宜春酒』，是为预祝春种农事顺利而饮。村社要提前酿制宜春酒，以备中和节饮用。节日内容主要是祭祀芒神，祈求风调雨顺。仪式结束，便有各种民间文艺演出。同时为了显示君民同乐，到了这一日，皇帝宴请大臣，地方长官宴请属下。上级向下级发放刀和尺，寓意当政以公允为要，以依法治民为工作准绳。下级向上级献农书，表示希望领导不违农时，重视抓好农业生产。而老百姓之间则互送良种。

中央政府举行中和节庆典活动的地点在曲江池。德宗李适曾执笔御题《中和节赐群臣宴赋七韵》为记，其中有句云：『中和纪月令，方与天地长……君臣永终始，交泰符阴阳……胜赏信多欢，戒之在无荒。』

宜春酒

夜饮议政

宋太祖赵匡胤（927—976年），河北人。他在治理国家的大政方针方面，十分依赖宰相赵普。赵普（922—992年），字则平，河南人，参与陈桥兵变。太祖时任枢密使、宰相，太宗时也两任此重要职务。太祖有时早朝没有议定的政事，到了夜里，会亲自跑到赵普宅中再行商讨。由于经常遇到这种情况，赵普下班回家索性不更换家庭休闲服，一直穿着官衣、戴着乌纱官帽，坐等太祖上门继续办公。某冬日，大雪封门，天气异常寒冷。赵普用罢晚餐，心想：天气如此恶劣，天子雪夜大约不会来议事了吧！门客也献言：『天气如此严寒，百姓都不会外出，何况是天子的龙体。您尽早洗洗睡吧！』于是，赵普易服入内室准备就寝。不想太祖竟然冒雪前来，登门叩打门环，慌得赵普来不及更衣便跑至大门恭迎圣驾。见太祖站在风雪中，连忙告罪迎至厅内。太祖说：『爱卿没有睡下吗？你可能认为朕不会来了吧。这下班后业余时间由卿支配，何罪之有啊！』更让赵普没有想到的是，太祖的弟弟、未来的宋太宗赵匡义（939—997年）也一同冒雪登门，赵普真是受宠若惊，深感肩头担子之重。命人将锦垫铺在地上，太祖迫不及待地问：『有没有备下御寒之酒啊？』赵普催唤下人搬过已烧旺的炭火盆增加室内温度，又亲手将肉串在火盆上炙烤。经太祖点头，赵普请出夫人拜见后，赵夫人便负责温酒烤肉，殷勤招待。太祖不断地说：『谢谢，今宵有劳贤嫂了。』待酒至半酣，身上暖和后，三人共议政事。有明代画家作《雪夜访普图》传世，但画面缺少赵匡义，而有半露身姿于窗旁的赵普夫人。

杯酒释权

清末小说《宋代宫廷演义》中，描写宋太祖做了皇帝后，觉得四方安定，一片太平气象，心里十分愉悦，经常到宫外闲逛，认为自己是天命所归，无人敢于暗算。但枢密直学士赵普劝诫道：『不可断言，文臣武将中无一人敢有异志，若一旦变生肘腋，祸起萧墙，则措手不及。如果军伍中有人造反，某些将帅会不得不俯从众意。』由于宋太祖本人就是在陈桥驿兵变中，为部下胁迫而黄袍加身的，于是后怕起来，想出一个杯酒释兵权的计谋。数日后，宋太祖宴请手握重兵的将帅，酒至半酣时，他对老部下说：『朕受禅以来，无一夕能安枕。因为谁不想坐这皇帝宝座呢！』话一说出，大家心里一惊，纷纷表示自己忠贞不贰。宋太祖继续说：『如果有人给你黄袍加身，势成骑虎，你们中有人也不得不从吧？朕替各位着想，不如趁此短暂人生，多积金银，厚自娱乐，亦为子孙考虑。总之，交出兵权，以保余年。』次日，这些老功臣很识相地上表告老，交出兵权。不久之后，宋太祖又迫使不少军节度使交出了兵权。不过，有一位军节度使没有读懂天子的潜台词，还在太祖面前历陈自己的战功劳苦。太祖冷笑道：『过去的事，提他作甚！』次日便下旨将其罢黜。有诗赞曰：『谁知杯酒成良策，尽释兵权一语中。』而众所周知的是明太祖在处理同样的潜在危险时，采取暴力手段，将老部下诛戮殆尽。

识酒还财

苏轼所著《东坡志林》中记载了一个《盗不劫幸秀才酒》的故事。说的是宋仁宗时期，江苏南京（当时称为金陵）有一位老秀才叫幸思顺，多年考科举不得高中，生活困苦非常，流浪至江西九江（当时称为江州）后以卖酒度日。由于待人平和，买卖公道，大家都与他极为友善。

某日，有位官人乘船外出，在老秀才的酒店不远处停舟上岸，前来打酒。因平日两人也多有会面，关系不错，老秀才近日生意兴隆，库存充实，便额外赠送客人十壶酒。官人表示感谢后挥手而别。俗话说：『好事多磨。』船至湖北蕲春黄冈（当时蕲州、黄州一带），『时劫江贼方炽』，这只船被一伙冒充渔民的江洋大盗劫持。这些人威吓人质之后，发现船中有酒，便痛饮起来。忽然有人惊喜地问：『此幸秀才酒耶？』看来老秀才也是在三教九流中朋友众多，真如生意经所言：『生意兴隆通四海，财源茂盛达三江。』当了人质的官人连忙欺哄众盗说：『仆与幸秀才亲旧。』所谓『亲旧』，指是亲戚的关系。大盗们聚在一起评估了一下当前的事件，决定『吾侪何为劫幸老所亲哉』，是说我们不可以打劫幸老先生亲戚的财物啊。随后，向官人退还所劫物品。离去之前，还一再叮嘱：『你以后遇到幸秀才，今天的事请千万不要对他讲起。全是误会，误会！』

『三国』说酒

《三国演义》是我国著名的长篇章回体小说。其中描写饮酒的故事颇多，因篇幅所限，仅摘如下目次：《宴桃园豪杰三结义》中兄弟结拜痛饮一醉。《张翼德怒鞭督邮》中张飞饮闷酒。《废汉帝陈留践位》中董卓用鸩酒灌杀少帝。《谋董贼孟德献刀》中曹操逃亡途中因疑心而误杀外出沽酒的吕伯奢。《王司徒巧使连环计》中王允在酒席中用美人计离间董卓和吕布的关系。《曹操煮酒论英雄》中曹操借酒试探刘备的志向。《群英会蒋干中计》中周瑜装醉说梦话制造假情报。《宴长江曹操赋诗》中留下『对酒当歌』『惟有杜康』的千古名句。《关云长单刀赴会》中关羽佯醉提刀拒还荆州。《左慈掷杯戏曹操》中左慈饮酒时用玉簪将一杯酒划分两半。《关云长刮骨疗毒》中关羽边饮酒下棋，边开刀刮骨而无惧色。《急兄仇张飞遇害》中张飞因醉酒，梦中被刺身亡。《孙峻席间施密计》中吴主孙亮摔杯为号诛杀太傅诸葛恪。

武松醉拳

《水浒传》中的打虎英雄武松，从出场起便少不得酒。他因醉酒伤人避祸外乡，后归家途中在柴进酒宴上结识了宋江，路上分别前宋江不舍地说：『兀那官道上有个小酒店，我们吃三钟了作别。』此后，便是三碗不过冈醉打老虎的故事。尽管店家介绍自家的酒叫做透瓶香、出门倒，三碗便醉，武松仍连喝15碗，醉卧景阳冈，遇到了老虎。后来武松因杀死仇人发配牢城。在替施恩夺回被蒋门神抢走的酒店时，一路上武松每遇酒店，无论『酸咸苦涩』『滑辣清香』，均连饮三碗。行走了十几里路，遇酒店不下十数家，他前后共喝酒30多碗。还说：『带一分酒，便有一分本事，喝到烂醉才有力、有势。』然而，喝了这么多酒却只有『五七分，但装作十分醉』，打跑了蒋门神，夺回了酒店。接着，武松又亡命天涯。在酒店吃酒时，酒保说：『只有茅柴白酒，没有肉卖。』但另有客人进店后，店家却『捧出一樽青花瓮酒来，开了泥头，倾在一个大白盆里』，真是『一瓮窨下的好酒，风吹过一阵阵香味来』。武松『闻得香味，喉咙痒将起来了，恨不得钻过来抢吃』。在与之发生口角后，武松打跑众人，『把个碗去白盆内舀那酒来，只顾吃』。

在评书艺人的讲述中，武松更是被描绘得活灵活现。明末，有名的说书艺人柳敬亭很受人喜爱，『语气生动，声音洪亮』『如刀剑铁骑，飒然浮空』。尤其绘声绘色讲到武松打虎前，走进酒店，见店内无人上前照应时，不由火往上撞，一声大吼，『店中空缸空甏皆嗡嗡有声』。听众们则『屏息静坐，倾耳听之』，如见真武松一般。

河陽風
日
金
進

叩壶吟诗

高启（1336—1374年），字季迪，号青丘子，苏州人。明洪武初，被授予翰林院国史编修、户部右侍郎之职，但他却不肯赴任。未及壮年，便被朱元璋腰斩于南京。

在他所作《青丘子歌》中有句：『江边茅屋风雨晴，闭门睡足诗初成。叩壶自高歌，不顾俗耳惊。』表达了诗人不追求名利地位，专注个人诗文创作以及对恶俗势力的抗争。也体现了在新旧政权交替时期，社会上存在着不同的政见观点。

其中，『叩壶』二字是指东晋大将军王敦性格豪爽，喜饮酒。每当饮酒微醉，便反复吟咏『老骥伏枥，志在千里。烈士暮年，壮心不已』。这四句诗出自曹操所作《步出夏门行》组诗之第四章《龟虽寿》。王老将军一边反复体味着诗情，一边手持如意，敲击着酒桌上的珊瑚唾壶，以为节奏。由于每酒必敲，所以壶身尽缺。可见酒酣畅快时节，身心是何等愉悦。后代也有诗人作品中用此典故，如『潇拈如意舞，狂叩唾壶歌』。

珍重酒香

分须饮酒

话说明代景泰年间，以开小杂货店谋生的陈大郎至苏州采买时货。时值雪花纷飞，天气十分寒冷，于是他急忙寻找酒店取暖。偶见一名壮汉生得奇特，面孔之上除了一双大眼露出外，整个脸都被浓密的须发遮着。陈大郎心想：此人生得如此古怪，怎能吃得酒饭？在好奇心驱使下，他主动上前打招呼说：『可否请您到酒店小叙一杯？』那人也并未推辞，二人同行上了一家酒楼。酒保上前施礼问询，按陈大郎所点摆上几角酒及羊腿、鸡肉、鱼等不少需要啃食的菜肴。陈大郎特意点这样的酒菜是为看这名嘴被如此浓密胡须遮盖的壮汉如何吃菜。他热情端起酒杯劝酒。那人接过酒杯却放回桌上，然后，随手从衣袖中拿出一对小金钩挂在耳朵两边，将胡子从中分开两绺，用小金钩分别挂列嘴角两旁，并唤来酒保要过一只大碗，连连喝干几大壶酒，用随身所携小钢刀切肉大啖，把陈大郎看得目瞪口呆。

药酒风波

晚清小说《明史演义》中有一则揭露官场上勾心斗角、尔虞我诈的故事。话说有一位工部侍郎拜奸相严嵩为干爹，不断向奸相一家奉送珍宝以谋私利。某日，他又给严嵩之子送了一顶黄白两色金丝幕帐，却未得到什么回报和夸赞。这位工部侍郎不由心里一动，想到自古道盛极必衰，很多人不满严氏父子的作为，自己也不是不知道。如果有一天他父子被谁参上一本，皇帝准奏，靠山一倒台，自己这个干儿子也会被牵连进去，没有好果子吃，不如尽早另寻门路。有了这种打算，便处处留了心计。某日，进严府请安，见严嵩独自一人在书房小酌，便貌似关心地东问西问，终于弄清楚了严嵩的一个秘密。原来严嵩为了长期占据相位，平日十分注意养生。为此寻求到一个长寿秘方，以酒调制，每天坚持饮用。严嵩当着义子的面，也忘记了『逢人只说三分话，未可全抛一片心』的古训，很得意地表示自己已饮用一年有余，感觉是很有效果的。工部侍郎请求与干爹共享长寿的好处，严嵩当即让其详细抄录了一份。俗话说：『暗算无常死不知。』令严嵩没想到的是，工部侍郎于次日竟给皇帝写了密折，将秘方献上。奏曰：现将一份珍贵的长生不老药方原方呈上，臣不敢自私。愿吾皇延年益寿。在密折中顺带写道：臣听说严嵩按此方已试了一年有余，真有返老还童之功效。皇帝看罢密折，心中百感交集，想着严老儿有此长生不老秘方，却不令朕享用，真是人心叵测！这个工部侍郎倒还有些忠心。由于严嵩在位多年，到处都有耳目，这份密折很快被皇帝身边的卧底太监送至严嵩手中。而这位想脚踩两只船的工部侍郎，最终还是死于严嵩之手。

永壽

酒苦心酸

元代著名杂剧作品《西厢记》中，悲剧色彩最浓的便是崔母赖婚，只让莺莺与张生以兄妹相待，使得酒席上气氛冷清，莺莺被迫为哥哥斟酒，张生说：『实在是咽不下去！』莺莺不禁眼圈含泪，呜咽暗泣。张生知道莺莺的苦衷，便一仰脖把酒倒入肚中。崔母此时又说：『请先生多吃几杯。』张生心里更加苦闷。莺莺见状，想：他心里泪珠儿不知有多少啊。后两人私订终身，崔母又叫张生立马离开此地，进京赶考。长亭送别的情节使悲剧达到高潮。张生接过滴有莺莺泪水的酒杯一饮而尽，并用衣袖替莺莺擦去满脸的泪水。莺莺不禁抽泣起来，张生又斟了这离别之酒劝莺莺，莺莺殷勤叮嘱，难舍难分，串串泪珠儿又滴入酒中。真个是凄凄惨惨切切，令观者无不为之心酸。

劝酒录供

明代无名氏所著《杨家府世代忠勇通俗演义》是描写北宋名将杨老令公及其家族事迹的历史演义小说。

其中说到：威镇三关的忠良杨六郎被诬陷治罪，发配边远地区『监造官酒、递年进献三百埕，三年完满听调』。途中，汝州太守对他说，城西政府设置的万安驿，便生产官酒。若就在此地监造，质量不仅上乘，而且发货到京也方便。不料欲置杨六郎于死地的奸人再次发难，向皇帝诬告：杨六郎私卖官酒、积聚金银，有逃跑迹象。宋真宗昏庸无道，竟偏听谗言，下旨处死六郎。

忠良多难，宋太宗当政时，奸臣潘仁美命人将前来搬兵求救的杨七郎用酒灌醉乱箭射死，天子降旨问罪，将潘仁美拘押太原，暂监皈依寺，又委派寇准前来审理此案。寇老西儿知道此案十分棘手，便与该寺长老定计，由寇准在宴席上向潘仁美劝酒，其间说些似乎偏向潘仁美的话语，使潘酒后失去防范意识，吐露实情。此时，寺庙长老在窗外已将口供记录在案，取得定案的第一手材料。

酌酒易主

《杜十娘怒沉百宝箱》是明代民间流传的故事。沦落为烟花女子的杜十娘努力追求属于自己的爱情，却被命运所捉弄，只得以死来与吃人的封建社会恶俗势力进行对抗。

纨绔子弟李甲用杜十娘的私房钱及借来的银子三百两为杜十娘赎身。杜十娘在随同李甲返家途中，却因偶遇一富家子弟而节外生枝。这个追欢红粉的轻薄儿孙富慕杜十娘貌美，设计要将她骗到手。经与李甲接触熟络后，二人相邀至『酒肆一酌』。『行不数步，就有个酒楼。二人上楼，拣一副洁净座头，靠窗而坐。酒保列上酒肴。孙富举杯相劝，二人赏雪饮酒』，闲谈之间，孙富了解到李甲虽有情于杜十娘，但害怕到了父母家中，恪守礼教的严父会不容他娶不节之女为妾。孙富听罢正中下怀，假意为李甲解难，诱骗李甲议定以千两白银之资，将杜十娘卖与自己。

当杜十娘终于知道自己已被薄情郎转手卖掉之后，痛感命运之不幸，怒骂负心贪色之辈。并将自己多年积攒下，准备与李甲度日的一箱包括祖母绿、夜明珠等在内价值数千金的珍宝弃撒江底，自己也举身投江，以死对抗这冷酷无情的现实，结束年轻悲苦的生命。事后，也许是心疼珍宝金银，也许是受良心的谴责，李甲、孙富二人一个疯癫，一个病死，均未得什么好下场。

應時美

品酒试诗

古代不少举人秀才是吟诗作赋的行家里手，喜欢乘舟浅斟低唱，陶醉于大自然美景之中，使自己暂时忘却仕辛苦和人生的愁闷。有一部明代言情小说《春柳莺》，描写两位意气相投的文士乘舟顺流而下，酒过三巡，见岸上『游人如蚁，箫鼓如麻，歌声聒耳』，不由诗兴大发。正准备笔走龙蛇、纸漫云烟之际，忽听岸上有人招呼，认出是过去来往不多的邻居，只得靠岸邀其登舟。此人是个并无真才实学的假斯文。让酒之后，二人便请假斯文作诗。见无法推辞，他只好『摇头颤足，咬指托腮』，写下一首。两位文士一看，字真如牛毛虾尾一般，拙劣得很。而且发现他这四句诗也是抄袭前代名人之诗作，便故意说：『好诗，只是短了些。再续四句更佳！』假斯文没有觉出旁人在揶揄自己，反倒假作谦恭地说：『再续一首，岂不是恃才妄动乎！』

热酒烫脚

明代白话短篇小说集《三言二拍》中有许多与酒有关的故事。如唐代有位穷困潦倒，年过三十功名未立的文人，郁闷时只有一醉方休。后来他因有才名被一位刺史聘为助教，不久多次酒后失礼，受到刺史斥责而负气辞职，去至帝都长安寻求发展，但境遇不佳。一日，他在客店中又遭店主白眼，想要热水洗脚也没有，不由得心头火起，掏银子买酒五斗，叫小二烫热，摆上一只大瓷瓯，自己举瓯独酌，旁若无人。吃过三斗之后，他要了洗脚木盆把剩余温酒倒入，就在店房内洗起脚来。众酒客见此称奇不已。常言道：机会总是留给有准备之人。这位文士后为一位武官代笔呈文，受到天子赏识，官拜监察御史，从此青云直上。

书中还有一则盗瓶打赌的故事。话说民间有个义偷喜欢与人赌酒，手段是趁人不备盗取物品，第二天当面归还时要失主请其畅饮。这一日，酒店老板指着桌上酒瓶同他约定：『今夜你如能取走此瓶，明日请你吃酒。』神偷点头。酒店夜晚打烊，老板叮嘱紧闭门窗，把灯和酒瓶并排放在桌子正中，自己坐着不睡，瞪眼盯住酒瓶。但至后半夜，老板渐渐支撑不住斜靠桌边，沉沉睡去。此时神偷在屋顶揭开几片瓦，将一根打通所有竹节、一端扎有猪尿泡的细竹竿从屋顶顺下，插入肚阔颈窄的酒瓶之中，然后吹气使猪尿泡膨大，胀满瓶内，随之用塞子堵着竹管口，轻轻将酒瓶提拉至屋顶外，拿到手中后悄然离去。天明老板醒来，不见酒瓶，灯倒还亮着，只好认输请酒。

酒张正气

《三言二拍》中有一篇题为《沈小霞相会出师表》的故事。描写沈小霞的父亲沈炼是位文经武纬的人才，进士出身，做过三处知县，安民济世，刚直不阿，后调入京都任职。此时正值奸相严嵩父子当权，官尊势重，招权纳贿，朝野侧目。若敢与其作对者，轻则杖责，重则毙命。严嵩之子严世蕃官至工部侍郎，且长于幕后谋划，人称『小丞相』。

且说沈炼平日极佩服诸葛孔明，对其所作《出师表》曾手抄数百遍。饮酒时也喜吟『鞠躬尽瘁，死而后已』等警句，而又往往长叹大哭方罢，对于严家父子所作所为恨在心头。某日，在公宴之上，严世蕃得意忘形，为捉弄同僚，用盛酒斗余的巨觥罚酒，而无人敢提出异议。此时，正值一位从不饮酒的马给事被罚，虽再三告免，严世蕃根本不听，竟直奔过来，用力揪着马给事的耳朵强行灌酒。马给事酒力发作，醉卧于地，而严世蕃狂笑不止。见此情景，沈炼怒从心中起，他卷袖起身抢过巨觥，将酒斟满端至严世蕃面前说：『马给事因醉不能为礼，下官代他敬你一杯。』严世蕃一惊刚要回绝，沈炼声色俱厉地说：『你必须喝下这杯，别人怕你，我沈炼可不怕你！』他也揪着严世蕃的耳朵逼他喝干。沈炼扔开巨觥，也拍手大笑，把在座官员吓得是面如土色，气得严世蕃恨恨离场。而沈炼口中念着《出师表》中的『汉贼不两立』，依然稳坐吃酒。

可惜，在当时政治形势下，沈炼终逃不脱严嵩魔爪，满门遭戮。

灌酒缉贼

清代公案小说《施公案》中，描述了许多侠客与酒的故事。且说施公与黄天霸定下美人计，派黄夫人前去诱骗、抓捕一伙强盗。某日，强盗果然中计，将黄夫人抢至山寨做压寨夫人。当寨主带醉从大厅酒宴来到洞房时，黄夫人端来两大壶高粱酒连斟三大杯，说：『大王请饮此三杯，以助豪兴。』寨主连连饮尽，也斟了三杯让黄夫人喝。黄夫人各呷一小口，又端过再向其劝酒说：『若大王不嫌是残酒，就一口闷！』终于把贼寨主灌醉，配合众人将强盗们拿获。施公之所以派黄夫人担此重任，是因这位朝廷三品命妇武功不在黄天霸之下。再说黄天霸连日查访盗御马一案，毫无收获。一日走至海州境内，见一座叫『醉白楼』的酒楼，知是城内第一酒家。此处自酿玉壶春酒甘美出奇，若将此酒倾在杯中，只见酒花错落，颜色动人。闻酒香未饮而醉，一饮入口，更香沁心脾，比那玉液金波尤胜百倍。且价格便宜，一两酒只大钱六文。绅商仕宦无不至此欢宴。酒楼生意红火，真是『座上客常满，樽中酒不空』。看来一个企业，须有自家拳头产品，否则想获取高额利润会很难。

书中另有一则发生在酒店里的故事：有个武艺高强多次从围捕中逃脱的飞贼，到淮城第一的酒店『一醉楼』上吃酒。经向店小二询问，了解到刚上楼的客人是官府的王千总时，狂傲地想通过此人向黄天霸发出挑衅的信号。算过酒钱，共八钱三分，飞贼大声说：『随身未带银子，下午派人去天齐庙取酒钱。』店小二说：『又不相识，不是白跑一趟！』飞贼故意提高嗓音说：『我便是有人要找的采花魁首！』说罢随手向桌角一拍，如刀砍一般削去一角，人亦扬长而去。见此，那位千总想：俺功夫不敌他，败了面子不好看，不如等他走远，再去报信不迟。

沽酒断案

清代北京蒙古车王府所藏说唱鼓词《刘公案》，描写刘墉平冤狱、惩污吏的故事。且说刘墉为断一起无头案，化装成卖药人从衙门后门悄悄出去，进行微服私访。他走在大街之上，见一酒铺，半空中酒旗迎风飘动，上书：『过客闻香须下马，知味停车步懒行。』当时朝廷明文规定，四品官不可到街边道旁酒铺吃酒。刘大人想：现在是江湖郎中打扮，正好趁机吃一盏酒，又可借机以卖药为名访查案情。于是他进门找了个偏座，要了半碗苦黄酒，果然从一旁饮酒闲谈的人口中了解到一些线索。

书中还有处理民事纠纷案的情节。一个担柴的把卖瓦盆的车碰翻，因索赔问题拦轿喊冤。刘大人见二人都是贫苦百姓，便想出良策妥善解决。他命担柴的去烧锅店，买四两老白干酒给卖盆的赔礼。酒买来后，刘大人说：『我替你付钱，但要验一下够不够四两。』命差役用秤先连壶带酒称过，又倒出酒称了空壶，结果酒只有三两四钱。担柴的说：『确实买的是四两，可传烧锅店查问。』不久烧锅店掌柜到衙，经对质，承认是沽酒不足量。刘大人问：『你愿打的话，共八十大板，十字街头戴枷一个月。你愿罚的话，拿十两银济贫。不知是愿打愿罚？』烧锅店掌柜愿拿钱了事。然后，刘大人又对担柴、卖盆二人说：『看你们也是本分之人，这十两罚款你俩各分一半，今后更要奉公守法。』二人取银，千恩万谢，完美结案。

又有一次刘大人私访调查米价，路过小酒铺，进门就座，要二两老干烧酒吃。结账时想起腰中无余钱，只好将布褂送当铺当得二百钱。不料当铺大钱中混杂小钱，又引起一场风波。

持酒结友

《明清荒诞小说精萃》中载，清代南方有位举人，虽学富五车，满腹经纶，却因无处觅得知音而终日不爽。这一日，大雪飘飞，举人持酒赏雪时，见一衣衫褴褛的乞丐在廊下避寒，便将他让进厅中。谈话间知晓此人就是坊间传闻『人穷志不短』的『铁丐』时，十分尊敬地请他饮酒驱寒。畅饮数杯后，举人又叫家人暖了一坛黄酒与之共饮。乞丐连喝三十多杯而不醉，举人自己反而醉卧榻上。次日，举人又送丝棉长袍为乞丐御寒。过了一年，举人在外地又遇见这位乞丐，依旧是衣不遮体，便问起那件长袍如何不见？乞丐说：『早已用它换酒喝了。』举人喜欢乞丐这种虽生活窘迫，仍然保持乐观豁达的生活态度，又买了一担梨花春酒赠送给乞丐。在举人的鼓励下，铁乞走上了人生的坦途，最终官至省级水陆提督。而当文网密布、文字狱大兴之际，举人因其社会名声极大，被列入一部《朱相国史》的编委会名单内，不料却造成不白之冤，被官府以私自刊印史书，涉嫌攻击朝廷的罪名查处。连同举人在内的十余位名士全部被判处极刑。危难之际，幸而曾一起饮过酒的铁丐、如今的提督闻听后，向上级连保数本，为举人开脱罪名，方使举人免遭杀身之祸。

酒罄囊空

清人蒋坦所撰散文集《秋灯琐忆》中有一节描述主人请客，却酒尽钱无的尴尬事，十分真实有趣。

据该书主人翁蒋先生所忆，自己每月可得数十两银子。但由于经常呼朋畅饮，『箧中终岁常空』，存不下钱。某冬日，又集20余友人在自家宅中摆酒。几杯之后，大家心绪极佳，有的静坐抚琴；有的展卷题诗；有的显然是喝高了，在墙上乱画；其余几位不离酒桌，赌拳狂饮，『酒尽数十觥不止』。月亮早已升空，主人翁命人点亮羊灯，洗盏更酌，喝着喝着桌上已无酒可斟，蒋坦唤夫人奉酒，虽多次催促仍不见前来。主人翁赶至后堂问询，夫人说：『家中所有装酒的瓶罍都已倒空，我已去过酒店，想用我的一只玉钏换酒，但酒家看过玉钏后，说假货不值钱，不愿换。』主人翁搔搔头说：『为什么不先拿钱去沽酒呀！』夫人苦笑说：『床头只剩有几十个小钱，能够干什么？我原想拿些衣物跑一趟当铺碰碰运气，可是路途又太远，这可如何是好！』夫妻二人耳听着醉醺醺的客人大声催酒，眼见着八九个空酒瓮东歪西倒，只剩下『相对怅然』了。

酒我爱你

清代十才子书之一的《斩鬼传》中，描写终南山秀才钟馗进京参加科考，被主考官韩愈取为鼎甲状元。但因面目生得丑陋，受到唐天子的冷遇及奸相的嘲讽，钟馗自刎而死。天子悔悟，封其为驱魔大神。此后，钟馗遍行天下，以斩妖驱邪为己任。

书中涉及饮酒的文字很多。如讨吃鬼所备宴席中便有著名惠泉酒及滋阴白酒。饮酒间还要行令助兴，可谓鬼行人事。又如：医生为遭瘟鬼治病时，用到偏方神曲酒糟。在《献美酒五鬼闹钟馗》一节中，有钟馗用荷叶大杯畅饮菊花酒的情节。《爱贪杯谬引神仙》一节中涉及不少酒史资料，如仪狄造酒，大禹饮之味甘，曰：『后世必有以酒亡其国者。』钟馗与众酒鬼就酒之利害进行的辩论，实际上反映出人间社会对酒的两种不同看法。一派要求禁酒，另一派爱酒者认为：天上有酒星，地上有酒泉，人间有酒禄，不可以禁酒。历史上，大人物都爱饮酒。如『尧舜千钟，孔子百觚』，竹林有七贤，酒中有八仙。每家的婚丧嫁娶俱不废酒。辩论中作者通过醉死鬼之口，作了一支醉酒歌，颇有现代风格：『酒呀酒，我爱你，入诗肠能添锦绣；我爱你，壮雄心气冲斗牛；我爱你，解愁闷扫清云雾，摇头轻高贵，冷眼笑王侯。这样的清香，钟馗呀你为甚鄙薄酒！』

珍重酒香

瓷坛撤酒

《三侠五义》中，有这样一个情节，介绍了黄酒的质量与饮用方式：客人进店问有什么酒，店小二道：『不过随便常行酒。』客人要喝女贞陈绍。小二说：『有十年蠲下的女贞陈绍，不零卖，四两银子一坛。』客人说：『我要那金红颜色浓浓香，倒了碗内要挂碗，犹如琥珀一般，那才是好的呢。』不多时，小二捧来一坛酒，拿了锥子、倒流儿和瓷盆。当面锥透，插上倒流儿倒出酒来，果然香气四溢。倒在盆中灌入壶内，略烫一烫，客人便对面畅饮。

书中还提到一种叫『转心壶』的害人酒具。宫中内苑郭总管要除掉忠良陈琳，命贴身小太监『从博古阁子上把洋錾填金的银酒壶拿来』。小太监取过一看，『见此壶底儿上却有两个洞，打开盖子向里边一瞧，只见壶内中间有一层隔膜圆桶，不知其所以然』。郭总管说：『此壶名曰「转心壶」。』并详细教给小太监，如何用手指分别堵住壶底儿上的洞，倒出需要的美酒及毒药酒来。小太监试了试，忽然问：『两样酒都从一个壶嘴流出，岂不串混成一样的？』郭总管说：『不会混的，这把壶的嘴内也是分隔开的，灯下斟酒，谁也瞧不出来！』

且说江湖险恶，武侠小说中常出现酒中投药的情节。如：有两位赶夜路的人投宿后，向屋中妇人讨杯热水喝。妇人道：『水没有，有些村醪酒。』两人说：『便求大嫂温得热热的。』一会儿，妇人端酒斟在茶碗内递过来，两人喝光便被麻倒。正巧北侠办案，押解妇人的丈夫从外边进屋，准备翻抄赃物，救了两个投宿人。北侠见妇人也不是善类，就让她取出酒与麻药，混在一起加热后，说：『你自己也尝尝。』妇人无奈，只得一扬脖吞下，登时也迷倒卧地。

酒瘾难当

《三侠五义》中有位小义士艾虎，年纪不大却十分好酒。且说艾虎被押在监，白玉堂探监问起饭食如何。艾虎说：『就是酒太少，刚喝五六碗就尽了。』白玉堂叫禁子去取一瓶酒，说：『少时酒来，撙节而饮，不可过于贪杯。』艾虎说：『叔叔所言极是，侄儿只再喝这一瓶。』不久，艾虎出监参与办案，因贪杯遭险，被蒋爷搭救。为此蒋爷规定：『每餐只准饮酒三角，不得多喝。』艾虎听了半晌才说：『就三角吧！到底有酒解馋。』两人坐船走水路，艾虎无精打采，只有喝酒时才来了劲头，喝至规定的酒量时又像泄气的皮球，蒋爷只得放松管束。不想上岸后两人失联。艾虎一人赶路，见有渔民在饮酒，于是上前讨酒，渔民不给，他便将人打跑，而后拿起酒葫芦对嘴而干。岂料『冷酒后犯』，艾虎吃了空心酒被风一吹，酒意涌上来，只得在一间破草亭内困卧一时，结果被赶来报仇的渔民一顿乱打。

又一日，艾虎赶路口渴难耐，见一家人正办酒席，就给主人两锭银子讨酒来吃。主人自然热情非常，劝酒不停。艾虎终于不胜酒力，伏桌沉睡。一伙强盗前来抢亲，艾虎同被捉去，好不容易才脱身，路上再见到酒店，也不敢进店沽酒了。后文还写到艾虎月夜捉住一对拐卖儿童的不法男女后，肚内有些饥饿，见桌上有瓶酒，随手拿起大碗斟满，端起一倾而尽。纵观全书，艾虎实在是难以抵抗酒的诱惑啊！

酒

红楼酒饮

《红楼梦》中涉及酒的情节极多，如螃蟹宴上众人请贾母饮酒赏桂花。藕香榭外几个丫头煽风炉烫酒。王熙凤说：『把酒烫得滚热的拿来。』又对廊下鸳鸯说：『还不快斟上一钟酒来我喝。』一连饮尽三钟。黛玉吃了螃蟹后，拿起乌银梅花自斟壶，拣了一个小小海棠冻石蕉叶杯，自己亲手斟了半盏，一看却是黄酒，因此说：『觉心口微疼，须得热热的吃口烧酒才好。』宝玉见状，命将那合欢花浸的酒烫一壶来，但黛玉也只喝了一口便放下了。

又如为戏弄刘姥姥，凤姐让人将前面里间书架子上的十个竹根套杯取来。鸳鸯却说：『不如把我们那里的黄杨根子整抠的十个大套杯拿来，灌她十下子。』刘姥姥一看，原来是十个不同大小的杯子，大的像个小盆子，极小的也有手里的杯子两个大，连忙说：『我还是小杯吃吧。』

再如宝玉见薛姨妈取出糟好的鹅掌，说：『这个须得就酒才好！』薛姨妈命人灌了上等酒来，有李妈上前阻拦说：『当着老太太哪怕你们喝一坛也没事。上次不知谁给你一口酒，使我挨了两天骂！』经薛姨妈作主，宝玉说：『不用烫，我只爱喝冷的。』薛姨妈说：『这可使不得，吃了冷酒写字手打颤儿。』宝钗说：『酒热吃下去发散的快；冷吃下去凝结在内，岂不受害？』宝玉便放下冷的，令人烫饮。黛玉见紫鹃派雪雁送来手炉，借题发挥说：『我平日的话当作耳旁风，她说了你就当圣旨！』宝玉知道黛玉奚落自己，也无话可说。

除了人间美酒，宝玉还在梦中饮了以百花之蕊、万木之汁，加麟髓凤乳酿成的香冽异常的『万艳同杯』酒。不过，其乃放春山遣香洞太虚幻境警幻仙姑亲酿美酒，不是供凡人饮用的。

醉酒为乐

《负曝闲谈》中，将一位好酒贪杯的军机大臣描写得活灵活现，作者一定接触过这样的人物。这位军机大臣下班回至府第内宅，在院中高搭的天棚下，坐于硬木太师椅上。虽然此时才是农历四月份，但因其身躯肥胖，很是怕热，府中总管早命人备下冰桶，里面凉凉地镇着应季水果。侍从烫好酒斟上，军机大臣便就着冰冷的鲜果，慢慢喝下四五斤酒，待找到点醺然的感觉时，就连忙唤人侍候着脱去长袍；再边斟边饮一会儿，又有人近前帮助他脱去上衣，光着上身，露出胖大肚皮，将小辫子绕在头上；喝至八分醉时，退去长裤。再饮几杯，已到十分醉的程度，不知不觉就坐在椅子上呼呼睡去；直到凌晨睡醒，饱餐一顿，穿上官衣，坐上专用马车，到内城进军机处上班。真是每天一醉，周而复始，自寻其乐，别无所求。

明代小说《隋史遗文》中，描写程咬金酒后显露出粗心随性的性格。他在从军前靠卖柴供养老母。某日，寒风乍起，他背着柴想赊酒祛寒。正巧有位庄主想找帮手护院，就请程咬金到庄上吃酒谈事。程咬金放开量，杯杯满、盏盏干。主人又换上大碗劝酒，程咬金不晓得这酒后劲足，一连吃了几十碗急酒，虽酒劲冲头，仍不肯放下酒碗。归去时，庄主还赠他一锭银子，当他把银子放进袖筒时，晕晕地念叨着不要弄丢了，所以一直紧紧捏着袖口。却不知那锭银子早已从袖子后的破洞漏了出去。回到家，他告诉母亲有人送银一锭，翻来翻去却找不出，母亲以为他醉酒胡说。书中描写他好酒，遇了酒要等到喝醉了才能停止，醉意朦胧中，会畅快地大喊一声：『我快活！』一次，也是因喝酒很爽快，他把空杯狠狠往桌上一放，却弄个粉粉碎。脚下又用力一蹬，把挺结实的楼板踏成两段。弄得在楼下正在聚首小酌的客人灰头土脸，冲上楼大骂起来。

酒后争执

话说清代光绪皇帝某日在西苑宫殿上安排酒席，瑾、珍二妃陪着轮流把盏，开怀畅饮。难得自由的光绪皇帝吃了几杯酒，带着两位妃子走到殿外，见杏花树下面，有十数个宫人，在花荫下面铺着锦褥，盘膝团坐。一面吃着酒，一面唱着曲。光绪绕到树后偷听，不令内侍喝止。其中一位宫女唱道：『哪里有什么兰陵美酒郁金香？举杯便吃烧刀子……』

后来，光绪被西太后囚禁在瀛台涵元殿，百无聊赖时，叫宫女摆上酒来。忽然，见不少太监奉西太后谕旨，乘船前来拿铁铲凿冰。猜知一定是几天前自己跑到冰上行走的事，被皇后向西太后告密。于是他一边不住地喝酒，一边大发牢骚。光绪原想借酒浇愁，谁想愈饮愈是满腔郁愤，正巧皇后从西太后那边归来，光绪故意斟酒命皇后饮尽。皇后本不饮酒，但光绪说：『那日太后请看戏时，赐你的酒，你不是喝了吗？』两人推来推去，结果把一只碧玉酒杯跌落在地，碎作七八块。光绪很生气，后果很严重，见皇后站起身便要走，光绪一把将她扯着，自己张口刚要申斥她，却头重脚轻、步履踉跄，险些跌倒。两人揪扯之间，皇后头上所插清室传家之宝、西太后所赐的白玉簪碰落坠地，跌作两段。于是，皇后又跑到西太后宫内哭诉，告皇上的状，光绪的酒也被吓醒。

关于西太后饮酒的事，有记载说她最善保养，一杯酒分三次饮尽。进膳时，皇帝执壶、皇后把盏，分列左右，不时要讲些吉祥中听的话。西太后50岁生日，举办庆典长至20多日，仅她每日酒食就要花费白银约60两。西太后喜欢听戏，一有闲工夫，便命传民间戏班进宫演戏，一帮臣僚也要奉旨陪听。并且西太后时常叫中意的演员到面前说话，自己饮酒的时候，又赏演员在一旁陪饮，说说笑笑，十分潇洒。

醉酒失言

《封神演义》中写，商纣王昏庸无道，将包括西伯侯姬昌在内的四大诸侯诳至京城，准备治罪。蒙在鼓里的四位诸侯在馆驿住下一起饮酒。席间却因忠奸之辩厮打起来。其中一位端起酒器劈面砸向剥民利己的北伯侯。北伯侯恨恨离去。其余三位诸侯重整一席，深夜长谈。东伯侯听到驿卒悄悄告知女儿姜皇后惨死的消息后，悲痛欲绝。三人连夜修本，准备明日上朝犯颜力谏。第二天升殿，纣王并不看三人的奏章，下令将东伯侯推出午门正法。其他三大臣求情时，除北伯侯得到特赦外，纣王要把姬昌及南伯侯也推至午门外杀掉。后又经群臣力谏，特赦姬昌而将南伯侯斩首。

忠臣保得姬昌归镇，却有奸臣劝纣王不可放虎归山，并设计在十里长亭为姬昌饯行时，如侦听到姬昌有不满言论，则将其处死以绝后患。

姬昌至长亭，百官执杯把盏，姬昌饮有百杯之多。此时奸臣乘机大灌其酒，而姬昌酒已半酣，不禁说出内心真情，认为国家气数黯然，一传而绝。今天子倒行逆施，是速其败也。至此，奸臣抓得把柄，赶快向纣王汇报。纣王大怒，下旨追杀姬昌。姬昌发现自己酒后失言，主动回城请罪。在众大臣力保之下，纣王下旨：免死，囚禁七年。

珍重酒香

诀别之酒

《东周列国志》中，描写了这样两个与酒有关的故事。卫桓公是卫庄公的长子。他即位后，有一次出国进行外事活动。不料他的弟弟，卫庄公与宫女所生的州吁早有篡位之心，假借为兄送行，于西门设宴，而在门外埋伏下甲士五百。宴席上『酒至半巡，州吁起身满斟金盏，进于桓公。桓公一饮而尽，亦斟满盏回敬州吁。州吁双手去接，诈为失手，坠盏于地，慌忙拾取』，以亲自洗涤为名，乘机疾步闪至桓公背后，抽出短剑，刺死桓公。

同样在卫国发生了另一起曲折的故事。卫宣公有三个儿子，一个是宣公私通父亲小妾所生，名叫急子。宣公后又霸占儿子的未婚妻，生了长子寿、次子朔。卫宣公不喜欢急子，准备将来传位于寿。但公子寿却又与急子非常友善。卫宣公第三个儿子朔则生性狡诈，常怀篡位之心，在将急子的母亲逼死后，又进一步要谋害急子。某日，急子奉父命出国公干。在得知此行凶多吉少时，为不违反孝道，仍不肯逃走。公子寿打听到弟弟朔途中要劫杀急子的消息后，为搭救同父异母的哥哥，以船载酒送行。斟酒时『不觉泪珠堕于杯中』，并对急子说：『今日此酒，乃吾弟兄永诀之酒。』两人泪眼相对，彼此劝酬。待急子被灌醉沉睡之后，公子寿假冒急子的仪仗继续前行。登岸后，果然被朔所设伏兵杀害。当朔知道误杀公子寿后为时已晚。而急子在船中酒醒之后，见到弟弟寿留于竹筒上的八个字：『弟已代行，兄宜速避。』

饮酒无节

酒可以增添人间的欢乐与喜庆，也可以引发社会的悲剧与祸患。李时珍指出：『酒有大毒』『败胃伤胆，丧心损寿』。告诫人们：『若沉湎无度，醉以为常者，轻则致疾败行，甚则丧邦亡家。』他用最严厉的口气说：『过饮不节，杀人顷刻。』古代许多本可以使生命更有价值的人，只因不能自我约束，过早地病酒而亡。

东汉时，郑玄作为名士学者，参加各种酒会的机会很多。有一次在席间，300人依次敬酒，狂喝十几个小时，郑玄依然未醉，博得一片夸赞。有人算过，约有120升酒灌到郑玄胃中。但郑玄终于劫数难逃，后来『行酒，伏地气绝』。三国时期，曹操几次想立曹植为太子，但他『任性而行，饮酒不节』。醉后乘车走皇帝专用车道，犯僭越罪。曹操委任他为征虏将军，结果他酩酊大醉无法应召。这位时领文坛风骚的人物，陷于酒中，仅在世41年便亡故。《二十年目睹之怪现状》的作者吴趼人，经常于酒中沉醉。在他的这部书中有一段醉酒的情节：两人取过大茶盅对饮，谁先叫饶便是输了。一连对饮20多杯，稍歇。又相互叫阵，一连又是30多杯。其中一人不服输说：『我没醉……他们的酒……太新了。』一句话还未说完，脚步一浮，几乎跌个筋斗。这恐怕是作者在写自己的醉态吧。终于有一天，吴先生觉得美酒吃到嘴里不是滋味，才放下手中酒杯，魂荡荡命归西天。

而更多的嗜酒名流则忍受酒病折磨。正如明代词人的自我写照：『是谁嫌我酒间过，唆得病来磨』『问先生酒后如何？潦倒模糊』。

灌酒取乐

汉代荆州牧刘表嗜酒，喜欢在筵宴上把属下灌醉取乐。为此特命人做大中小三个酒杯，折合成今天的容量，大杯为两瓶啤酒，小杯为两瓶白酒。在劝酒时，专门有人手里提着一根顶端安装了铁针的大棍子，看见哪位属下醉卧于地，便用针扎醒，接着把大杯酒灌完为止。

战国时期宋国国君宋康王是靠非法手段夺得政权的，甚至在饮酒方面都不够磊落。他非常喜欢夜宴长饮，并『以酒强灌群臣』。而让心腹内侍给自己斟酒时，却是以水代酒。所以即使宴席上酒量最大的臣子都被他灌得找不着北时，他也是根本不会醉的。而他的一帮弄臣却还大声献媚道：『君王酒量如海，真是千石不醉啊！』

宫斗之酒

晋惠帝时，贾后等人欲陷害太子，传密诏：天子有病，命太子进宫探视。太子进宫被领入别室后，却有宫女执酒传诏命饮，太子莫名其妙又不得不饮。平日酒量不大的他喝了一半便停杯不饮，宫女瞪眼道：『天子赐酒不喝，难道怀疑酒有问题不成？』太子无奈只得一吸而尽，便醉得不能自持。此时，有人拿纸笔与文字原稿过来，立逼太子录写一份。太子推辞，来人又说皇帝有诏命要太子依原稿照抄一份。太子醉眼模糊只得照办。次日，惠帝升殿见到文稿大惊，说：『这不肖子如此悖逆，只好赐死。』大臣传看，见太子所书尽是要杀天子的文字。

民国时期小说《清宫十三朝演义》中描写了许多后宫争宠的故事。如道光时期，皇后嫉妒心极重，常在皇帝耳边说静妃坏话，而静妃也没安善心。正巧皇太后过生日看戏时，皇后献诗，皇太后说声『赏酒』。静妃早有准备，忙捧着一个酒壶连斟三杯。皇后饮过酒回到寝宫，便神智不清，患疯病而死。这是因静妃在酒中放了七粒毒药所至。

诗酒招祸

历史上好酒失言引来杀身之祸的事情很多。甚至还有人因一时任性，在诗中抒发对酒的喜爱，招致天子不满，导致仕途曲折，一生潦倒。如唐代大名鼎鼎『自称臣是酒中仙』的李白，虽然唐明皇对于他酒后放纵的表现没太计较，但受到李白戏弄的高力士等弄臣小人是不会善罢甘休的。他们从李白醉写的诗作中找寻罪证，排挤陷害。《清平调》本来是李白奉命用诗描绘杨贵妃之美的，却被人诬陷说其中『可怜飞燕倚新妆』是讥讽杨贵妃太肥且宫闱不检，『以飞燕指妃子，是贱之甚矣』。结果唐玄宗将李白『赐金还山』，赶出京城。

再如晚唐有位才学过人的诗人李远，某日，天子与臣僚谈及职务人选议题时，宰相任人唯贤，希望选派这位诗人出任杭州刺史一职。天子听到这个提案后，却显得十分不高兴，说：『朕闻此人有一首诗，说什么「青山不厌三杯酒，白日惟销一局棋」。像他这样疏放，每天就知道喝酒下棋，如何能够称职上岗，管理百姓！』后经宰相多方解释，才使天子明白这不过是诗人的一种艺术夸张手法而已。

而宋仁宗时代，有一位写词的高才柳永，科考几次名落孙山，心中十分惆怅，随手填了一阕词，有『忍把浮名，换了浅斟低唱』之句。他写的词很快在社会上流传，连天子都有耳闻，因而招来不幸。在他又一次参加考试后，虽然已顺利通过，却在即将发榜之际，被宋仁宗一笔圈去姓名。宋仁宗极不满意地说：『此人风前月下，好去浅斟低唱，何要浮名？且填词去吧！』这位词人晚年才谋得一个极小的官职，死后竟无钱下葬。

醉酒渎职

宋代有这样一个因中美人计而坏官运的故事。朝廷通过基层民众反映，得知有一名地方大员名声很坏，治下民不聊生，怨声载道。便委派一位姓韩的官员为提刑官，前去落实处置。地方大员闻得风声，自然十分害怕被罢官治罪，每日寝食不安。他的一名小妾问明缘由后，说：『大人不必担惊，那个姓韩的是我旧时相好，您把他召来，我自有办法对付他。』虽然韩提刑官因公务在身，应回避去案中人府第会面，但被多次邀请后还是同意赴宴。酒宴上，韩提刑官被一帮侍女轮流灌酒。酒酣之际，忽然那名小妾在帘内唱响韩提刑官当年所赠的诗句，引得他想起旧情，魂不守舍，再三请求这位昔日情人出来相见。那名小妾说：『你在我家中最会饮酒狂舞，今日如再为我跳一曲，就会同大人相见。』于是已经大醉的韩提刑官，被人套上舞衫，脸上『涂抹粉墨，踉跄而起，忽跌于地』，出尽洋相，丧失了朝廷大臣应有的威严，随后被人拖回船中。待酒醒之后，他看到自己这副鬼样子羞愧难当，也难以执法办案。朝廷得报遂将韩某罢官，地方大员之事也就无人提及了。

嗜酒亡国

中国封建社会的最高统治者为了保障江山永固，传至万代，对备选接班的皇子们文治武功、道德修养、文化知识诸多方面的教育抓得很紧。皇子们有德才兼备的师傅，每日很早就要起床上课，也没有什么寒暑假可以停课闲玩。学习教材的编写，以怎样当个好皇帝为主题。明代各朝天子就曾下旨编写了诸如《昭鉴录》《历代驸马书》《君鉴》《永鉴录》《公子书》《臣鉴》《帝鉴图说》等书。

《帝鉴图说》是大学士张居正等专门为10岁的小皇帝朱翊钧编写的知识读本。全书共有117个故事，图文并茂，行文简练。总体分为善恶两大部分：《圣哲芳观》为善，《狂愚覆辙》为恶。善者部分中有《戒酒防微》一篇，是介绍大禹喝了仪狄所造酒后，疏远仪狄，绝旨酒，并告诫天下：『后世必有以酒亡其国者！』所以要防微杜渐，不可纵饮无度。恶者部分有《脯林酒池》一篇，是指夏桀宠爱美女妹喜，言听计从，造大可行舟的酒池，酒糟堆积成十里长堤，成串肉脯高高挂起如同树林。3000人在鼓声中不停饮酒，只为让美女『以为乐』。最终引起商汤起兵讨伐，桀被俘而亡。这部分还有《纵酒妄杀》一篇，是指南北朝时期，北齐文宣帝高洋嗜酒失德，竟裸体游街，杀人取乐。为此，要准备一批称之为『供御囚』的死刑罪人，以备醉后由他亲手杀掉。高洋后因纵酒无度，一病而亡，年仅31岁。

珍重酒香

爽约闷酒

明代短篇小说集《今古奇观》中有一篇《卢太学诗酒傲王侯》，讲明朝有位姓卢的才子因恃才傲物而仕途不畅，平日以酒会友倒也自在。本地知县贪婪无比，酷好杯中物。他想结识才子而卢某又不承情。知县非要登门拜望，卢某只得勉强点头。不料此后知县因事多次爽约，引得卢某大为不满。这一日，知县将旁人敬送的惠山泉酒派人送给才子，卢某邀请知县品酒赏菊，知县定于次日必到。不想家人传话有误，说知县明日早早来吃午饭。卢某诧异：『哪里有早来等吃午饭的道理！』无奈，次日早早吩咐家人备酒肴以待客。知县此时正在审案，难以迅速了结，又耽误了退堂赴宴。而卢府全家盼来等去不见知县的影子，卢某很生气，命家人撤去酒席，脱去衣帽，独自吃了几十碗闷酒，便很快趴在桌边睡去。可谓无巧不成书，知县此时却匆匆赶来，见既无人迎门接待，又无酒席安排，主人脱衣酣睡，就认为自己受到奚落捉弄，忿恨起轿回衙，从此起了杀心。果然不久借故将卢才子下狱，后经有人出手搭救，好不容易使才子逃离虎口。坊间传闻，卢才子跟着一位会造酒的道人飘然而去，不知所终。

贪杯误事

清代小说《合锦回文传》中有这样一个故事。一名在相府当差的军健，因犯伤人劫财之罪更名潜逃。当他在一家酒店饮酒买单时，要用抢来的一支金钗抵账，但店主只收现银。双方发生肢体冲突后，一起被众人押送至官府大堂。地方官识破逃犯身份，将其捉进大牢，因犯人是相府雇员，要解往京师定夺。途中，天晚住店投宿，办案人员说：『有好酒可先取来吃。』店小二道：『小店只有村醪，不中吃。要好酒时，客官可自往前边酒店买吃。』于是办案人员向店主借了酒壶，准备外出打酒。正巧，又有一个客人进店，恰与他们同住一室，热情请大家去酒店共饮。请客的人嗜酒豪爽，与几位办案人员都喝高了。唯独在押犯心里盘算着如何脱身外逃，酒并未真喝却也假装大醉。回至旅店，请客的人倒头沉睡，办案人员到了深夜也自睡去。此时，那名逃犯换上请客人的衣服，将众人包袱中的钱财和重要之物带在身上，趁着月黑风高，以小解为由骗店家开门，匆匆出门不见踪迹。正是：酒入欢肠饮有度，重任在身莫贪杯。

醉态不雅

清代康熙年间，山西秀才李毓秀所撰《弟子规》中，有这样几句劝青少年不要饮酒的话：『年方少，勿饮酒，饮酒醉，最为丑。』不光少年，成年人酗酒同样也会闹出许多笑话。晋代，有一位吏部侍郎姓毕，素好痛饮。某日，闻到邻居家飘来一阵美酒醇香，馋得他整日坐卧不安。半夜，终于控制不住，悄悄溜进邻家，打开酒瓮喝了一个痛快，然后卧倒酒瓮旁人事不知。天刚蒙蒙亮，人家发现他后五花大绑准备送官，有人用蜡烛一照，才看清是隔壁的政府官员。平日，他常对人说：『若能右手持酒杯、左手持蟹螯，这便是我追求的幸福！』

明代有一位姓杨的翰林修撰因事被罢官，心里很不痛快，经常独自喝闷酒。酒入愁肠愁更愁，是最易醉酒的。杨翰林醉后便着女人服装，脸上涂脂抹粉，梳丫髻，满头插花，与艺伎相伴而行，引人窃笑而不觉。元曲有云：『村酒槽头榨，直吃的欠欠答答。醉了山童不劝咱，白发上黄花乱插。』欠欠答答指嗜酒醉态。

饮酒过度虽会使人有不雅的言谈举止，但也有显得可爱之处。例如杜甫（712—770年），湖北人，唐代诗人。曾任检校工部员外郎，世称杜工部。他作有一首《饮中八仙歌》，形容同时代八位名流的醉态。有的『骑马似乘船，眼花落井水底眠』，有的『道逢麴车口流涎』，有的『饮如长鲸吸百川』，有的『举觞白眼望青天』，有的『醉中往往爱逃禅』，有的『长安市上酒家眠』，有的『脱帽露顶王公前，挥毫落纸如云烟』，还有的『高谈雄辩惊四筵』。

饮鸩命绝

古代小说中常有赐鸩酒自裁的情节。如《东周列国志》中，鲁庄公病重不能理政，此时，公子季友『封鸩酒一瓶』，以鲁庄公名义，赐同母弟叔牙饮。叔牙不肯从命，被使者『执耳灌之』，中毒身亡。『金屑酒』也是毒酒之一。话说晋朝惠帝时期，相国赵王伦篡位失败被捕入狱，百官议定判处他死罪，以谢天下。于是天子命尚书持节赐其『金屑酒』。赵王伦取酒饮毕，毒发而死。不过，据说现今亚洲有的国家在出售一种据称可以养颜的、掺有金粉的酒，大概配方各异吧！

明代小说《新编全像杨家府世代忠勇演义志传》，讲北宋杨家将一门忠烈的故事，在民间流传很广。书中有一段讲的是关于夺取皇位继承权的宫斗戏。七王要谋害八王，派人到银楼定制了一把鸳鸯酒壶。壶内可以一半盛好酒、一半盛毒酒，通过斟酒人暗中把控，可使阴谋得逞。幸而八王以病未痊愈、滴酒不沾为由逃过一劫，但制壶的银匠却奇怪地失踪了。

仗剑把酒

秋瑾（1875—1907年）原名闺瑾，别号鉴湖女侠，浙江绍兴人。1904年，她不顾家族束缚，只身赴日留学，期间参加秘密反清团体。回国时加入蔡元培为会长的光复会。1905年再赴日本，会晤孙中山，加入同盟会，担任评议部评议员、同盟会浙江主盟人。1906年回国主持浙江军事，组织起义。1907年任大通学堂督办，着手整顿光复会组织，准备起义计划。但因官府从抓获的革命党人往来信件中发现她约期举事的电文而被捕，就义于绍兴轩亭口，年仅32岁。

秋瑾的诗词显出一股豪迈雄健之气，如『算只有、蛾眉队里，时闻杰出』『身不得，男儿列。心却比，男儿烈。算平生肝胆，因人常热，俗子胸襟谁识我？英雄末路当磨折。莽红尘，何处觅知音，青衫湿』等。她的诗词中涉及酒的较多，如『有人饮酒迎杯问』『清酒三杯醉不辞』『醉酹寒香拨旧醅』『斗酒只鸡徒自嗟』『痛饮黄龙自由酒』『樽酒悲歌泪涕多』『风月情怀旧酒场』『貂裘换酒也堪豪』等。可见其忧国忧民之情。其所作《剑歌》中曰：『右手把剑左把酒，酒酣耳热起舞时，天矫如见龙蛇走。』又如：『浊酒不销忧国泪，救时应仗出群才。拼将十万头颅血，须把乾坤力挽回。』其表现出的盖世之英气，应胜一般男儿一筹。秋瑾殉国后，其战友徐自华女士在悼文中称：『女士雅量，虽一二十巨觥不醉』『喜酒善剑』『悲歌击节』『辩谈锋出』。

本节画面仿自秋瑾着日式服装手执利刃所摄影像，其所作《宝刀歌》有云：『誓将死里求生路，世界和平赖武装。』

喜酒好劍

悲歌痛談

借酒抗争

章炳麟（1869—1936年），号太炎，浙江人，经学大师，语言文字学家。旧民主主义时期革命家，辛亥革命三伟人之一（另外两位是孙中山和黄兴）。鲁迅在逝世前十天撰写的《因太炎先生而想起的二三事》及此前所作《关于太炎先生二三事》中，对其有很高评价：『考其生平，以大勋章做扇坠，临总统府之门，大诟袁世凯的包藏祸心者，并世无第二人。七被追捕，三入牢狱，而革命之志，终不屈挠者，并世亦无第二人：这才是先哲的精神，后生的楷范。』

章太炎酒量很大，他与孙中山同在日本时，经常进行『平等的、热烈的和同志式的』谈话。在孙中山为其专门举办的握手定交酒会上，据其本人回忆：『中山请余至横滨，与兴中会同志七十余人宴集，每人敬余酒一杯，凡饮七十余杯而不觉醉。』

章太炎反袁失去自由时，借酒抗争，醉酒时便在墙上乱书『袁贼』二字，或用花生米下酒时，吃一粒花生米，喊一声：『杀了袁皇帝头矣！』他还写了一副对联，上联：『杀杀杀杀杀杀杀』，下联：『疯疯疯疯疯疯疯』。在被袁世凯幽禁时，他曾计划乘火车前往天津，南下逃离魔爪。结果送行人拼命劝酒，章太炎又以骂袁世凯行酒令，边喝边骂，心里十分畅快，直至想起南下计划，赶至车站已经误点多时，被随后追来的军警押回。

七被追捕，三入牢狱，

而革命之志终不屈挠……

主要参考书目

中华酒典　陈君慧主编，黑龙江科学技术出版社，2013 年版。

中华酒典　翟文良主编，印刷工业出版社，2011 年版。

北方少数民族的酒文化　张慧媛著，内蒙古大学出版社，2008 年版。

中国古代商业简史　柯育彦编著，山东人民出版社，1990 年版。

元代社会生活史　史卫民著，中国社会科学出版社，1996 年版。

北京的商业街和老字号　王永斌著，北京燕山出版社，1999 年版。

帝鉴图说　[明] 张居正、吕调阳撰，中国社会科学出版社，1993 年版。

唐诗鉴赏辞典　萧涤非等著，上海辞书出版社，1983 年版。

宋词三百首释注　郭勤编著，四川大学出版社，1997 年版。

中国古代散曲精品赏析　叶桂刚、王贵元主编，北京广播学院出版社，1992 年版。

元明清词三百首　庞坚编选，上海古籍出版社，2002 年版。

明清清言小品　程不识编注，湖北辞书出版社，1993 年版。

后记

『夕阳烟景外，倚杖立移时』，从去冬残雪时节筹谋，至目下金风乍起之季完稿，继《古香遗珍——图说中国古代香文化》《茶会流香——图说中国古代茶文化》两书之后，我所著图说中国古代文化丛书的第三部《珍重酒香——图说中国古代酒文化》现已付梓在即。

首先释题，书名『酒香』之前为何冠以『珍重』二字？这皆因在编写文字内容过程中，阅读了大量涉及酒文化的资料，深感其两面性。人们一方面喜爱饮酒，一方面又不断戒酒，如出土的西周铜禁就是摆在酒席上具有酒戒功能的酒具。可见古人已认识到酒能使人欢悦亦能令人生瘾的问题。『珍重』有珍爱与保重的含义。饮酒中要注意自己的仪态言行，不可逞强好胜、嗜酒如命以致危及身家性命。明代有诗云：『珍重复珍重……饮余手中觞。』记得胡适先生常有酒会应酬，在别人劝酒推辞不及之时，会从随身大皮包中取出一枚錾有『戒』字的金戒指，对众人说：『夫人要我戒酒。』每每得以脱身。

我是滴酒不沾的，以前从未关注过酒文化的内容。但为了这套文化丛书的编写与绘画，我必须了解关于酒的各种历史与文化，为此购买了大量关于酒文化的书籍，在研读中初步掌握了一些基本知识，如酒品分类及制造史，历代酒具的造型，涉及酒的习俗、规矩、典故、名人逸事等。在本书绘画作品中尽可能做到服饰、酒具及生活场景都符合各历史时期的时代特征，名人形象大多也是有据可查的。对一些珍贵酒具还以特写处理，使读者对其有更清晰更形象的认知。希望通过这种方式，为读者提供一个了解中国古代酒文化的既有科学性、学术性又有艺术性和可读性的读物。

百余张画墨线定稿之时，正值三伏暑热，虽已赤膊上阵，却仍汗如雨下。加之各种家电频频出现故障，壁挂炉更是深夜水管爆裂，室内一片汪洋，图书、家具全都浸泡水中。身体病痛日渐加剧，再加上这些猝不及防的变故，极大影响了创作情绪。不过想到自己已年逾古稀，又想到鲁迅先生说的：『赶快做！』于是自我打气，坚持下来。宋人词云：『尽黄昏，也只是、暮云凝碧。拼则而今已拼了，忘则怎生便忘得。』编绘这套书，虽非天降大任，也算劳了筋骨，饿了体肤（因患痛风病已五年不知肉味），经受了各种磨难与挑战。

一本书的容量与中国古代酒文化丰富的内容相较是不成比例的，难免挂一漏万。作为品酒门外汉亦难免有隔靴搔痒说不到点上的地方。书中浅薄与谬误之处，万请方家斧正。此外，书中有些画面仿古代绘画作品，因版面有限不一一标出。

当我将书稿捆扎好之后，夜已深了。静坐下来，望见画桌上用厨房淘汰的挂餐具的不锈钢架子改制而成的笔架，上面垂挂着的数支画笔，本是为此书新购，现已笔锋磨损，成为一支支秃笔。不由想到明人词句：『刚把墨池推去，又被管城留住。五个指尖儿，须得六州铁铸。』随手拿出一叠白纸，动笔草拟我的第四部关于中国古代文化的书《迷花恋香——图说中国古代花事文化》的编绘计划。一个新的轮回又开始了。借用参与扩建元大都的刘秉忠的两句诗：『归鸦一片投林去，自笑劳生未解休。』

张习广

农历丁酉年季秋于翰林庭院弄斧堂